「あ、流れた。これで百個目」。
家の前で寝転びながら、
長女のなぎさと
ペルセウス座流星群の星を数えました。
夜空には天の川が横たわっています。
ヘール・ボップ彗星が
大接近した一九九七年、私たちは
上越市吉川区の最上流部「川谷」で
「星の谷ファーム」を立ち上げました。
大都会から限界集落へ――。
Iターンの新規就農です。

天明　伸浩

写真：渡部　佳則

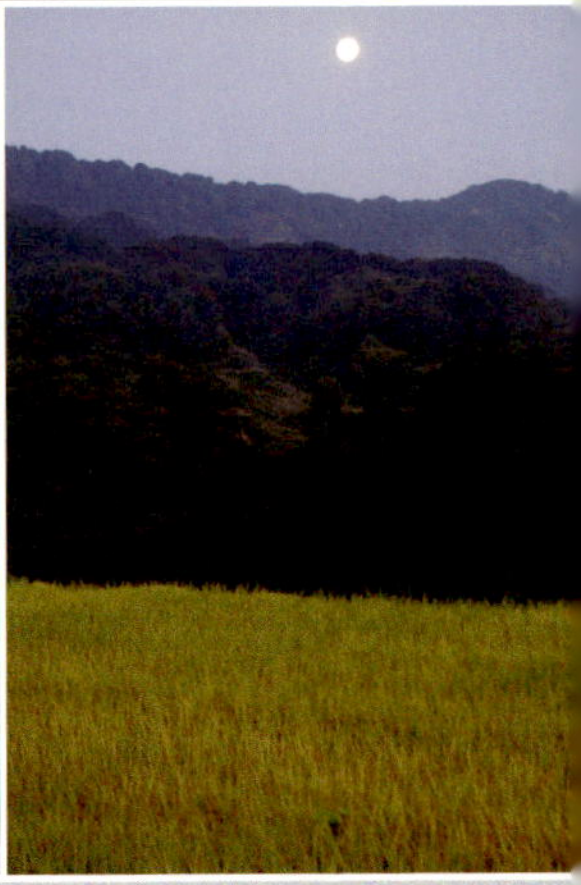

転身！ リアル農家

等身大の新規就農

百姓
天明 伸浩

農政ジャーナリスト
佐藤 準二

新潟日報事業社

はじめに

農業・農村に「新しい風」が吹き始めています。少し前まで「農業は日本のお荷物」と言われ、逆風が吹き続けていたのが、風向きが少し変わったようです。しかし、新しく吹く風は農業の素晴らしさを大切にしてくれる風なのでしょうか?　この風が吹き始めたころから、強い違和感がありました。

「儲ける」とか「楽して」という言葉と一緒に吹く風は、私がやってきた農業とはかかわりのない風のように思えたのです。また、農山村の暮らしの厳しさは年を追うごとに増しています。外から来た人が農村は素晴らしいという目線と、村に住んでいる現実・将来への感じ方の違いに戸惑うこともよくあります。

新潟の山間地で暮らし、農業を始めて十五年の月日がたちました。楽でも儲けているわけでもないけれど、つつましく素敵な暮らしを、農業を中心に作り上げてきました。そのことをこの本で多くの人に伝えられたらと思います。

この二月にはパレスチナの農村を訪ねました。厳しい気候風土に加えてイスラエル入植地からの執拗《しつよう》な攻撃によって、命が脅かされるほど農民の暮らしは厳しいものでした。それでもパレスチナの村人はオリーブの木を植え、ヤギやヒツジを飼って、農業を続けていました。そんな農村の営みは、農業の持っているしたたかな強さを私にあらためて教えてくれたのです。

いま吹き始めた風が、農業や農村が持っている、したたかで命を慈しむ素晴らしい面に、息吹を吹き込み育む「風」になることを願います。また、この本がその手伝いをできれば望外の喜びです。

この本は新潟日報事業社の佐藤大輔さんの心からの応援で、無事に出版することができました。また、就農前からその著作で私の新潟の農への思いを導いてくださった佐藤準二さんと一緒に本を書けたことは身に余る光栄です。そのほか多くの人の助けでこの本が出来上がりました。ここで感謝申し上げます。

二〇一〇年四月

百姓　天明伸浩

【目　次】

資料編①

第Ⅱ部

農業立て直しの第一歩は人づくりにあり―コメ王国新潟からの報告(佐藤準一著)

資料編②

〈参考〉全国の新規就農者数
農林水産省「平成20年新規就農者調査結果の概要」より

2008年（平成20年）の調査結果を見ると、全国の新規就農者の数は6万人となっています（2006年＝8万1,030人、2007年＝7万3,460人）。

「意外と多いな」と思う方がいるかもしれません。しかし、この数字を少し分解して見ると、ちょっと違った現実が見えてきます。

まずは年齢別ですが、39歳以下の新規就農者は1万4,430人（24.1%）、40〜59歳が1万7,760人（40歳代：5,410人、50歳代：1万2,350人、合計29.6%）、60歳以上が2万7,800人（46.3%）となっています。

この6万人の新規就農者を「①自営農業就農者＝農家世帯員」「②雇用就農者＝法人などへの常時雇用」「③新規参入者＝土地や資金を独自調達し、新たに農業経営を開始」に細分化すると、さらに実態が明らかになってきます。

①の自営農業就農者は4万9,640人。そのうち学生から自営農業者となった新規学卒就農者は1,940人。逆に60歳以上が2万6,710人と、全体の50%以上を占めています。

②の雇用就農者は8,400人。39歳以下が5,530人で全体の約66%を占めています。また、8,400人のうち、約83%の6,980人が非農家出身となっています。

①と②以外が③の新規参入者に当たります。1,960人で新規就農者全体の3%強。内訳は39歳以下が580人、40〜59歳が800人、60歳以上が580人となっています。

年齢別新規就農者数

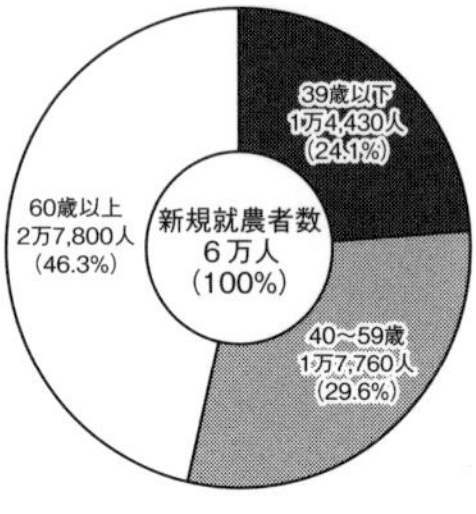

第Ⅰ部

星の谷の軌跡　——限界集落の棚田から

天明　伸浩

1　農との出会い

はじめまして

ブナの森と棚田が広がる川谷集落。

木々が芽吹き「命」の躍動を感じる春。夏には蛍が舞い、トンボが飛び交います。秋になると辺りの山は紅葉で艶《あで》やかに装い。冬には二メートルの雪が降り積もり、静寂が訪れます。

こんな素敵な四季の移ろいがある新潟の山里に妻と移住したのは一九九五年。大学院修了すぐでした。

「米を作って暮らしたい」

そんな強い思いをもって移り住みました。

それから十五年の月日が流れ、娘たち三人にも恵まれ五人家族になりました。

◀天明家です。右から妻の香織、三女のあかね、長女のなぎさ、私が抱っこしているのが次女のみさき

農家としてはずば抜けた能力があるわけではありません。

経営も栽培もほどほどです。

それでも、若い人が少なくなっていく過疎の山村で、「百姓」としてそこそこ幸せに暮らしています。

私のこれまでの暮らしが新たに農業に飛び込みたいと思っているみんなへの応援になればと思います。

実家はごく普通のサラリーマン

父親は東京の大田区で植木職人、その後米屋を営んだ家の三男として一九三七年(昭和十二年)に生まれ、大学を卒業すると損害保険の代理店に入りました。そこで知り合った新潟県柏崎市出身の女性(母)と結婚。その時に大阪勤務になって、新婚生活を送っていました。

母親は柏崎の農村の長女として一九四一年(昭和十六年)に生まれ、商業高校を卒業すると同時に叔母などを頼って上京。父と同じ保険の代理店で仕事をしていました。結婚を機に会社を辞めています。

そんな両親の次男として一九六九年四月、大阪で私は生まれました。一歳の誕生日には東京勤務となった父に連れられて、家族四人で父の実家のそばに引っ越しをし、その後は高校卒業まで東京で育ちました。

ごく普通のサラリーマンの家庭で育った私が、二十五歳の時に新潟の山奥に移り住み百姓の生活を始めたのです。

農業の原体験

五歳になると家から歩いてほどちかい場所にある「こひつじ幼稚園」に通いました。当時の行動範囲は狭く、幼稚園や家の周りです。その中には田んぼや畑はほとんどありませんでした。目に入るのは家などの建物と小さな庭。典型的な住宅街です。

幼稚園の思い出に、遠足で行った「サツマイモ掘り」があります。畑の無い環境

日常のひとコマ。自家用野菜の畑で、次女のみさきがサツマイモ掘りのお手伝い

で育っていて、「イモ掘り」への思い入れがすごく強かったように思います。畑での収穫などしたこともなく、テレビや絵本の中での出来事でした。それが、土に触ってイモが掘れるというので、待ち遠しかったのです。

バスに長いこと揺られてサツマイモ畑に向かいました。畑に出てみると、農家の手入れがとても良かったのでしょう、大きなイモがゴロゴロ収穫できたのです。

楽しいイモ掘りの時間はあっという間に終わりました。掘ったサツマイモはもちろんお土産です。しかし、いざそれを持って帰る時になって、私が持参した袋は全部のイモを入れるにはあまりにも小さく、大きなイモを二本ぐらい入れるともういっぱい。周りの園児はもっと大きな紙袋を持っていたのですが、残念ながら私は全部入れられません。その後のことはよく覚えていないのですが、ものすごく悔しかったことだけは鮮明に覚えています。

全部持って帰れず悔しかったから覚えているのか？　イモ掘りが楽しかったからなのか？　なぜここまで鮮やかに覚えているのかハッキリしません。

でもイモ掘りが幼稚園児の私にとって大イベントだと思っていたからこそ、今でも覚えているように思います。

今こうして百姓暮らしをしていると、「イモ掘り」「トマトもぎ」は日常のひとコマに過ぎません。私の子供時代にとっては人生最大のイベントになるようなことを、私の娘たちは何気なく日常の生活で体験しています。

そんな日常のひとコマを娘たちは覚えていてくれるでしょうか？　覚えているとしたら、どんな影響を彼女たちの人生に与えるのでしょうか？

ささやかな自然を楽しんだ小学生時代

小学三、四年生になれば自転車に乗ってあちらこちらへと行動できる範囲が広がります。私が育った東京の大田区には足を延ばせば魅力的な自然もありました。探検と称して武蔵野の風情が残る雑木林に忍び込んではクワガタムシを探し、見つからなければカナブンでも小満足。

釣りに行くのも大好きで、週末になると多摩川に出かけていました。海からの水も上がってくる汽水域でコイ、フナ、ハゼ、クチボソ、ボラ、ウナギといろんな魚が釣れました。当時、川の水はきれいとは言い難く、釣果を食べることはできませんでした。でも釣り上げた魚たちを家に連れて帰っては水槽やカメに入れて飼っていました（とにかく生き物は好きでしたが、上手に飼って長く生かすことができませんでした）。

実家には狭いながらも庭があり、やはり生き物好きだった兄の希望でチャボが数羽飼われていました。チャボのエサがこぼれ、それをついばみに訪れるスズメがいつも庭にいました。そんな野鳥になじんでいたので、もっと違う鳥も見たいと欲が出たのでしょう、『庭に来る鳥』という本を借りてきて、見よう見まねでエサ台をこしらえ鳥たちを誘いました。本に書いてある通りにエサ台にミカンやヒマワリを置き、網に入れた牛の脂身をぶら下げ、みごとウグイス、メジロ、シジュウカラ、ヒヨドリ、カワラヒワなどいろいろな鳥が来ました。それがうれしくて、うれしくて――。時がたつのを忘れて双眼鏡で観察したものです。

都会とはいえ、目をこらして身の回りを探してみると楽しめる自然があるものです。虫、魚、鳥とささやかな自然をワクワクした気持ちで眺め、もっと大きな自然を想像していたように思います。

大きな自然に触れた中高時代

中学生になると都内の自然だけでは満足できなくなっていました。夏休み、冬休みなどの長期休暇には母の実家（兼業農家）に一人で行って過ごしました。そこは柏崎の農村地帯、田んぼがあります。しかし、農作業の手伝いをするわけではなく

「のめしこき（怠け者）」の居候でした。でも、村の人がお茶飲みに来ているのに付き合って話を聞いたり、じいちゃんやばあちゃんの仕事ぶりを見たりして、農村の空気を感じていたように思います。そんな何気ない体験は今の暮らしには大いに役立っています。

母の実家は柏崎でも少し奥に入った所で山に囲まれた盆地にあり、田んぼが広がっています。朝夕の太陽に当たり輝くイネの脇を通って川釣りに出かけ、その時に見たすがすがしい景色は、田んぼへの憧憬につながったように思います。

中学三年の夏休みには、受験勉強もあったのですが、そこそこにして同級生と八ヶ岳登山を敢行。秋には夜行列車を使って上野を出発、谷川岳に登りました。この二つの山の自然は、これまで見てきた自然とあまりにもスケールが違い、圧倒されました。

そんなこともあって、進学した都立小山台高校では、班活（小山台高校では部ではなくて班でした）で「ワンダーフォーゲル」に入班しました。もっと多くの山に登りたい、私はすっかり山に魅せられていました。夏合宿では八ヶ岳、北岳、槍ヶ岳と岩がごつごつとし、ハイマツが茂る峰々を、春や秋には北八ヶ岳や秩父の静か

「自分の責任で行動することの大切さ」など、山歩きから学ぶことはたくさんあります。なぎさと一緒に北アルプスにて

な森の山などを歩きました。

人が手を入れた人里に近い自然と違って、自分の体を使って登る高山の自然は格別です。そこで感じた空気や光はそれまで経験していたものとは全く違いました。荒々しく美しい自然を中学時代から高校時代という最も多感な時期に頻繁に触れ・感じられたことは、その後の人生にとって「世界を大きく広げる」貴重な体験でした。

時代はバブル!!　農学部に進学

高校を卒業し、一年間の浪人生活の後に宇都宮大学の農学部に進学しました。「高校の教科では生物が好き」「大学では実験がやりたい」「家から出て一人暮らしがしたい」。そんな理由があって地方の国立大学農学部に進学しました。

農業に憧れてとか、農家になろうと思って農学部に進んだわけではありません。無論、将来の仕事のことまでじっくりと考えたわけではなく、ぼんやりと進学したと言った方がいいでしょう。就職先は「どこかの食品会社にでも就職できればいい」ぐらいに思っていました。

時代はバブルの絶頂期です！　キャンパスのなかだけではなく、日本中がお祭り騒ぎ。「額に汗して働くのはバカらしい。もっと楽しくやろうぜ！」。そんなどこかゆがんだ価値観が広がっていました。いま思うと、この価値観がその後の日本に随分と大きな痛手を与えたような気がしてなりません。

浮かれた空気の中で、自分が進んだ農学部の大本になる「農業」に対しての報道はかなり厳しいものでした。「土地の値段が上がり、家が買えないのは農家がいるからだ」「日本に農家はいらない」「農業をやめてもらって税金で食ってもらってもいい」などと、すごいことを言う有名評論家が大手を振っていました。

また人手不足もあって、農の現場は「3K（危険・汚い・きつい）」職場の代表とされて、全国でも三十九歳以下で新規就農する人が五千人を切るという「農業」にとっては冬の時代でした。

そんな時代の空気もあったのでしょうが、日本の農業の面白さや必要性を教えてくれる授業はほとんどありませんでした。受ける授業はいまいち「これが農業だ！」というものは無く、どこか学問的…カビが生えていたような印象です。まじめな授業も必要だとは思うのですが…。

また、農業実習もあったのですが、「やらされている」という感覚が強くて好きではなかったです。大人数で畑や田んぼに向かうと、その作業に没頭できる雰囲気ではなく、強制労働のような気分でした。

今だから言えるのですが、農学部の授業ではもっと農業が持っている良さを教えてくれる時間があるべきではないでしょうか。できれば農業と命のつながりなどというテーマの授業、現場の農家の話をもっと聞く機会があったらよかったと思います。学生を「農業好き」にする仕掛けが無く、公務員試験対応の授業が多かったのはもったいなかったと思います。

「農学部」面白かった実験・研究

ところで今の暮らしにとって大学での勉強は役立ったのでしょうか?

大学では農学部農学科。一、二年は農業の総論・各論を勉強します。三、四年になると研究室に所属して卒業論文に取り組みます。私は栽培学研究室に所属。

実験テーマは「イネの葉の老化と光の関係」。イネの葉が老化していく時に、光の強さや質がどのような影響を与えるのか。

夏場にポットで育てたイネを実験室に持ち込んで、光合成速度やタンパク含量を調べたりしていました。

まだ分からない新たなテーマを見つけ、結果を予測しながら実験の計画を立て、科学的に発表できるデータを取る。その結果がどうなっているかを考察する。実験は純粋に面白かった。

自然科学の実験は分からないことが分かっていくので実に面白い。面白かったついでに大学院まで進んでいました。大学では一年間しか実験できなくて、自分の実験結果を考察して実験を組み立てるまではできません。大学院に進学して、二年間続けて「自分の実験」をやりたくなったのです。

進学した東京農工大学大学院では作物学研究室に在籍。研究テーマは「イネ白穂の発生の生理的機構」。実験は夏の夜、ほかに誰もいない実験室内で、出穂したばかりのイネに大きな扇風機で風を当て続けて白穂を発生させます。白穂になったイネに水圧をかけ、染色してデータを集めました。

農家になるためにはこの時間は無駄と言えるかもしれません。でも自分が面白いと思えることに、全精力を傾けられるのは学生の特権だと思います。

今の時代は実益に直接的に結びつかなければ無駄と言ってしまう風潮がありますす。でもこの大学で研究していた時間は、いま思い出してもしんどくなるぐらいまじめに実験に打ち込みました。そのことはすごくいい経験になっています。

1冊の本が人生を変えた！　山下惣一さんとの出会い

さて、農学部に進んだのに農業の「現場」のことがよく分からないまま世に出るのもしゃくなので、図書館や書店で農業の本を探して読んでいました。探せばあるものです。今みたいに「農、食、命」を関連付けるものは数も少なかったのか、ほとんど目に止まりませんでした。

それでも農業の現場に興味を持って情報に対する感度を上げて見ていると、そのころマスコミをにぎわしている「農は必要ない」「日本のお荷物」という論調とは違う考え方があることが次第に分かってきました。それどころか人間が幸せに生きていくためには、農業は無くてはならない――。ものすごく大切な分野ではないかと思えてきたのです。

読んだ本のなかに農民作家の山下惣一さんが書いた『いま、米について。農の現場から怒りの反論』（ダイヤモンド社、一九八七年）がありました。購入したのは大学三年の九月二十八日。今でもはっきりと覚えています。そこには農業の置かれた状況が正確に書かれていて面白く、あっという間に読み終えました。

農業の現場がどうしてこんなに痛めつけられているのか！　農業を必要としているのは農家ではなくて消費する人たちだ――。農家として食っていくことの難しさを説きながらも、そこに込められた深い思いに感じ入ってしまいました。

決して〃農家になりなさい〃なんて本ではありません。でもこの本を読んだ時、農業を勉強している自分にできることは何なのか、真剣に考えるきっかけになりました。

そこから私の人生は大きく方向転換をしていきます。農業をネタに食っていく農業周辺者ではなくて、農業の現場で働く「正真正銘の農家」になりたい──。そして「山下さんとは違う見方で農業を感じて、自分なりに農業を味わい表現してみたい」と思ったのです。

その後、山下さんの本はたくさん読みました。二〇〇五年の冬には山下さんのお宅を訪ね、本によく出てくるミカン畑を案内してもらいました。また、本書でも後述しますが、遺伝子組み換えイネ裁判で一緒に原告に連なるご縁もあって、雪降るわが家にも来ていただきました。

つい先日、二〇一〇年の二月にはパレスチナまで農村視察に一緒に行ってきました。学生時代に影響を受けた著者と交流が持て、声を掛けていただけるだけでも幸せです。

そして、私がいままで感じてきたことを一冊の本として皆さんに読んでもらえるのは、「自分なりに農業を味わい表現してみたい」という、あの時の思いが実現できたと考えています。

「農家になろう！」具体的なイメージ作り

さて、「農業の現場で働きたい。農家になるぞ!!」と大きな夢を抱いたわけですが、「新規就農」という言葉すら知らず（当時はまだあまりメジャーな言葉ではありませんでした）、インターネットもない時代です。農家になるための情報はほとんどありませんでした。農家になるにはどうすればいいのか？　農学部に在籍していたにもかかわらず近くに教えてくれる人はいませんでした。

そこでいろんな本を読みました。今みたいに、いわゆる就農本があるわけではありません。普通の農業書、農業新聞などから農家になるための情報を探していきました。

しかし、なかなかこれはという情報にたどり着けません。それでも少しずつ方向を絞っていかなければなりません。ひと口に農家といっても、稲作農家、野菜農家、果樹農家、畜産農家、有機農家などさまざまです。さて、自分はどんな農家になるべきか？　その選択肢はたくさんあります。

自分はどうなりたいのか、目的地がはっきりしない中での情報探しほど難しいものはありません。入ってくる情報をどのように整理して方向付けをするべきか…。

私がここで一番大切にしたのは、「自分の作りたい作目は何なのか」ということでした。どれが儲かりそうとかうまく就農できそうかではありません。見方を変えると、新規就農者が既存農家よりも有利な点は「作目も就農地も自由に選べるところ」です。大いに夢をふくらませて自由に選べます！

しかし、そうは言っても農業で生活を営むにはお金も大切です。どのように食べていける農業を計画すればいいのかと思案するなか、ふと大学の図書館や生協の本屋に並ぶ農業経済の本のなかに、稲作農家の状況を調べたものがあることに気付いたのです。そこにはいろいろな経費がどれくらいかかる等々、最も気になる機械装備…トラクター、コンバイン、軽トラックなどの機械の値段や稲作農家が平均的に所有している数も書いてありました。これは大いに役立ちました。

これらの資料から「面積あたりどのくらい米が収穫できて、いくらで売れているのか」を調べ、「経営面積あたりどれぐらいの収入になるか」をシミュレーションすることができました。そして、こうした数字から経営計画も作れるようになっていきました。

この時に買って読んだ本の数は数十冊にもなります。金額も大きくなりました。でも就農してから「見込みが全然違った」と悔やむより、事前に調べられることをきちんと調べて予想を立てる、これは就農前の準備として非常に大事で有意義なことだったと思います。

百聞は一見にしかず！　農の現場を体験

農家になるためのイメージがぼんやりながら少しずつできてきた時に、大学院の石原邦教授に進路を相談する時間がありました。農業をやりたいと話をすると、驚きの表情で「農家になるのはかなり難しい！　頭を冷やすためにも実際の農家を見てこい!!」と言われました。

それもそうだ、農家に話を聞くことも無しに、現場に飛び込むのは無謀すぎる。

もっとリアルに農家を見ることも大切だ──。

気持ちを新たに、何軒もの農家さんを訪ねていきました。「新規就農者で、一人で大面積をこなしている」という記事を頼りに探し訪ねた静岡の乗松さん。先生に紹介していただいた千葉の養豚農家。そして後輩に紹介してもらって訪ねた新潟の稲作農家などなど…。

そのなかの一つが、五月の連休を利用して訪ねた新潟県大潟町（現・上越市大潟区）の農業生産法人「朝日池総合農場」です。後輩から「面白い法人があるから訪ねてみたら」と言われての訪問でした。田植えが始まる直前で稲作農家が最も忙しくなっている季節。平澤社長や細谷専務の家に泊まりながら農作業の手伝いを続けました。パートさんと畦際に波板を埋め込んだり、代掻《しろか》き後の寄った土を直したり、トラクターの燃料を配達したりと雑用の日々でした。

仕事を終え夜になると農業への思いを語って過ごした一週間。就職活動ならぬ就農活動の一環として訪ね、私なりに何でも吸収したつもりです。それにしてもみんなに親切にしてもらえて本当に楽しかった。

やっぱり米が作りたい

こうした体験で少しずつ農家のイメージが深まっていきました。そして、やはり米を作る農家になりたい――。そんな思いがはっきりと大きくなってきたのです。

しかし、新規就農ガイドセンターなどでもらう資料には、ハウスで栽培する野菜・花などでの就農を勧める情報がほとんどでした。というのも、米を作って生活していくためにはまとまった結構広い農地が必要になるからです。

これは作目の収入を計算する〃基準〃を見ればはっきりします。花やトマトといった野菜は坪（三・三㎡）あたりいくら作物が採れるかで計算できますが、米に関しては最小の単位が反（十a＝一千㎡）になるのです。坪という小さな単位ではお話になりません。そして、米で生活していくためには野菜とは比較にならない何倍もの農地が必要になるのです。

私が就農活動をしていたころはバブルがはじけた後でしたが、農地の価格はまだまだ高く、なかなかまとまった農地が手に入るという状況ではありませんでした。

また、広い農地で行う稲作の宿命ですが、さまざまな農機具が米作りには必要となります。トラクター、田植機、コンバイン、それにお米の乾燥機、これらをしまっておく農舎も必要になります。すべての設備を一から準備しようとすると、私にとってはかなり厳しい金額になります。

そんなこともあって稲作での新規就農はあまり勧められませんでした。

とはいえ、農業のどの部門を選ぶかはその後の農業・生活のスタイルを大きく決めてしまいます。

自分が農業をやっているイメージは「田んぼが広がる景色の中で汗をかき、その火照った体を、田んぼの上を渡ってきた風で冷ます。青空の下で日々の移ろいを感じながら仕事をする」。そして「多くのお百姓さんが作り上げてきた田んぼを自分もしっかりと受け継いで次の世代に渡したい」。

そのためなら「農業」に自分の人生を懸けても、きっと後悔しない——。

思いはますます強くなりました。

2 就農への道

✓どこに就農するか？ Iターンで新潟県を選んだ理由

「米を作るぞ！」といっても、どこで米作りをするか決めるのは難しい選択でした。

日本中どの都道府県にも田んぼがあり米作りをしています。北は北海道から南は沖縄県まで、米を作っていない県はありません。東京でも郊外に行けば田んぼがあります。そして、それぞれの田んぼがとても魅力的。富山和子さんが毎年作っている「日本の米カレンダー」などを見ると、日本中が美しい田んぼで満ちあふれていることが分かります。

なので「良いところはないかな」と漠然と探していると情報過多で何も決められません。全国の「A村ではこんなにうまくいっている」「B町では受け入れ体制がすごい」「C村の田んぼからの眺めは世界一だ」など、あれこれと振り回され、無為に時間が過ぎていきます。

そこで、まずは希望の都道府県を絞り込むことにしました。自分にとってはなじみが薄く、言葉の壁がありそうな九州、四国、西日本は外しました。また自分の実家から距離のある北海道と青森県も除外。すると、中部地方、東北南部、関東甲信越地域が残りました。

ほかに重視した点は、「豊凶の変化があまりない所」でした。新規就農者は農家の後継者に比べて財務体質がきわめて脆弱です。それは農家の後継者のように農地や農機具などの農業資産を持って農業を始めるわけではなく、借金をして農業を始めざるを得ないからです。そうすると、どうしてもお金の返済が毎年あります。それなので冷害や干ばつなどで作柄が悪くなる不安定な場所はできるだけ避けることを考えました。

ちょうど私が就農する二年前は平成五年の大冷害の年。この年を見ると、岩手、宮城、福島も太平洋側の浜通りなどでは冷害で随分と作柄が悪いことが分かり、就農候補地から除外しました。

就農前年度は暑い夏で水不足による干害がありました。干害は局地的で、私が就農した上越市吉川区でも被害にあった田んぼがありました。それを踏まえると「干害に関してはその場所ごとに確認する必要あり」です。

このように消去法で就農候補地を絞っていくなかで、米の主力産地だった新潟は候補地の筆頭になっていました。

「米を作りたい」。そんな思いを持っている私にとって、新潟は聖地のような場所でした。そのころ、「新潟のコシヒカリ、宮城のササニシキ」はお米の王様。そんなトップブランドのお米を生産している新潟で、果たして新規就農ができるのか？　新潟県はコシヒカリ大国、保守的な風土もあって、当時はまだ新規就農者受け入れに消極的。正直なところ就農地としてはちょっと厳しい面もありました。

それでも「米を作るなら新潟は最高の場所だ！　産地に飛び込もう!!」。半ば片思いで新潟県を就農地に決めたのです。

研修先探しが一転、一気に就農へ

就農先に決めた新潟県は、島嶼《とうしょ》を除いても海岸線の長さが三百三十キロメートルもある大きな県。県内でも平野部の整然とした大きな田んぼから、山古志のような山奥の小さな棚田まで、田んぼの形や大きさもさまざまです。経営形態ももちろんさまざま。県内で就農地を決定するまでにはまだまだ時間が必要でした。

さらに、いろいろと情報収集しているうちに、「いきなり独立するのはかなり難しい」と思うようになっていたのです。いま思えば、ここで一気に突っ走るのではなく、自分を見つめ直し、ブレーキをかけながら就農活動をしたのが結果としてよかったのかもしれません。

やはり「お金をためて人脈を作り、技術を習得してから〝独立農家〟になるのが、失敗が少ない現実的な方法だ」と思うようになりました。

そこで元気で活気のある農業法人に「就職」または「研修」、そこで働きながら多くの体験を重ねる。またその農業法人でかわいがってもらえるならばずっとそこで勤めるという選択もいいのでは、とも思い始めていました。

そこで新潟県の農業法人を調べてみると、従業員や研修生を募集しているところが結構あるものです。幾つか実際に訪ねてみました。春にお世話になった朝日池総合農場をはじめ、秋には県北部・神林村（現・村上市）の神林カントリー農園なども訪ねました。

当時はまだ新規就農希望者は多くありません。どこに行っても「変わり者が来たぞ」という感じでした。でもこの時に幾つか法人を訪ね、やり手の社長さんと話ができたのは大きな財産となりました。

そんな法人巡りを行っていた秋、吉川町（現・上越市吉川区）在住で農工大の先輩・市村雅幸さんから情報を得た朝日池総合農場の平澤栄一さんから連絡がありました。

「吉川（現・上越市吉川区）の山の方でまとまった農地を経営していた人が離農したそうだ。田んぼが宙に浮いているみたいだぞ」

その田んぼを見たのは一九九四年十一月十七日。

山の中の〝だんだん〟田んぼ。

正直、「大変そうな場所だー」と思いました。このところ訪ね歩いていたのは平場の大きな農業法人(山間地には農業法人はまだ作られていませんでした)。平らで大きな田んぼばかり目にしていたので山間地でどうやって営農していくのだろう? まさか手作業ばかり? 不安が頭をよぎりました。

この川谷での就農の話が出てきた時に、お世話になっていた知人から「あそこは厳しい所だからやめておいた方がいいよ」とのアドバイスもあり、不安もありました。

でもその田んぼと集落を見た時に、「ここで百姓になるのかな」とほぼ決めていたように思います。なぜなら、自分が農業をやりたいと思った理由が、

「現場が一番大変で困っている。だからこそ、その困難な場所に飛び込んで営農をする!」

というものだったからです。

だから山間部でやってみないかとの誘いを受けた時、「困難な場所だからこそやってみる価値がある」と思いました。

翌週には両親を連れてきて、十二月十一日には後に妻となる香織も一緒に訪ねま

始めてみた時は少し尻込み。山あいに切り開かれた川谷の棚田

した。

吉川町役場や普及センターとも会議・打ち合わせを重ね、田んぼの話が出てからほぼ二カ月で就農の大枠が決定。吉川町農業委員など、どの組織も未熟な私を心から応援してくれました。ちょっと乱暴でしたが、それまでの就農に向けての準備、助走期間があったからこそ、バタバタと決定しても「間違った選択はしないで済んだ」ように思います。

就農地の決め方は人それぞれです。しかし、自分が何で農業をやりたいかをじっくり考え情報収集していると、必ず良い人と巡り会えます。その時、自分が根を張る場所はおのずと決まってくるのではないでしょうか。

立ちはだかる壁　就農には何が必要か?

農業を体験するだけなら幾つも方法があります。「家庭菜園を楽しむ」「田んぼなどのオーナー制度を体験する」「農業体験研修に参加してみる」。どれもそれほど難しいことではありません。

農業を職業にということであれば、「農業法人に就職する」という手もあります。しかし、独立した〝農家〟になるのはかなり難しい。必要なものは幾つもあります。何よりも**「やる気」**。これなくして前には進みません。会社に勤めるのと違って、農家は経営者です。自分で多くのことを決断しなければいけません。うまくいくのも失敗するのも自分次第。一つ一つ自分で納得して決定していくのは楽しいといえば楽しいけれど、偽りなくいえば疲れる作業です。

農家を目指す皆さんは、就農が目的ではないはずです。就農してから試練があっても、絶対に乗り越えていかなければいけません。そのためにはちょっとやってみるか程度の軽い「やる気」ではなくて、命を懸けてやってやるという強い「やる気」が必要です。私も強い信念を持っています。

それから**「体力」**。当たり前ですが農作業は体を使います。昔のように手作業で全部やる必要はないので楽になったとはいいますが、それでも外での仕事は机に向かうのとは違います。長靴を履いて柔らかい土の上を歩く、これだけでも体力消耗。夏場の畦の草刈りなどはエネルギーを吸い取られていって、いつの間にかぐったり。坂道を上ろうとするとヘトヘトになって足が前に出ないこともあります。瞬発力でなくて持久力が求められます。

また機械化が進んで楽になっているのとは逆に、機械操作による危険は増えています。草刈り機、トラクター、コンバイン…どれもケガや事故が発生する危険が高い物ばかりです。一日使っていると肉体の疲れ以上に神経が疲れます。朝から晩まで目いっぱい機械を使うのではなくて、体力にあわせてほどほどにしないと重大事故につながってしまいます。

「**知識**」も大いに必要です。植物の栽培一つとっても膨大な知識がいります。私の場合は農学部で稲作の研究をしていたこともあり、この面では比較的アドバンテージがありましたが、現場での植物の見方は研究とは違います。やはり就農してからも大いに勉強しています。

そのほかにも、農業機械の操作方法からメンテナンスの仕方。簿記の付け方をはじめ経営に関しての知識。営業に関する知識も必要です。数え出せばきりがありません。

そして、農業ではこれらの知識の蓄積だけではなく、その知識を上手に使う知恵と、知識を実践する体力、行動力が必要です。

さらにハード面で以下の物が絶対に必要になります。

①農地

まがりなりにも農家になってその収入を当てにした生活を送るためにはまとまった農地が必要です。私が取り組みたかった米作りは、中でも農地がたくさんいる農業です。米作りでも小さい面積で生活を成り立たせている人もいますが、それなりの難しさがあります。

農地ばかりは情報が出てきた時が勝負です。地元の人との信頼関係がカギになります。また、「購入するか借りるか」就農前はどうしても迷います。ぜひとも良きアドバイザーを見つけておいてください。

私の場合は人とのつながりから情報が入手でき、その土地を購入することになりました。求めていたというよりも向こうからやってきたという感じの出会いでした。

②住む家

農家になって暮らしていくためには住む家が必要です。畑が町に近い所ならば住

私たちの住む家は築60年以上の古民家。農閑期に家具を手作りしたり家を修繕したりします

むのは町の中。通いで農業をすることも可能でしょうが、私が目指していたのは農村に住んでそこの季節の変化を感じ、村人と生活を共にしながら暮らすことです。そうでなければその地域に溶け込むこともできず、そこでの楽しみや苦しみを満喫することができません。いいことも悪いこともそこで生活することが必要なのです。そのためにも村にある家は必須でした。

山村に空き家は結構あります。でも空き家になって何年もたつと生活するには適さない家になっていきます。またよそから来た人においそれと家を貸したり売ったりすることは都会と違ってありません。それは都会に比べるとお互いの生活が濃密なつながりで成り立っている農村では致し方ないことなのです。

現在住んでいる家は二〇〇三年、空き家になった家を購入したものです。築六十年以上で手直しが必要な家なので、自分であちらこちら修繕・改良しながら住んでいます。

ちなみに、就農当初は農地を譲ってくれた方の家を借りていました。

③お金

農業を始めるにはお金が掛かります。学生からすぐに農村での暮らしを始めた私にとって、営農をスタートするための軍資金は欠かせません。日々の生活資金はもちろん、肥料や農具を買うためにもある程度まとまった現金が必要でした。生活スタイルによって必要なお金の量は違ってきますが、それでも数百万円は絶対に必要。

稲作は園芸などに比べると、作った米の品質・収量など計算しやすい作物です。一年目からきちんと収益がありました。選んだ作目によっては収支が赤字の期間が数年続いたなどの話を聞くことがあります。この場合はその赤字の年数を耐えしのび、生活していくだけの蓄えが必要です。

さて、営農スタートの資金、私は親から借りました。なので、私の場合は両親を説得して応援してもらうことが必須でした。そのための努力をしました。何せ最初は猛反対されたものですから…。

こうして自分の足跡を綴《つづ》っていると、私の就農は私だけの決断ではなかったんだな、とつくづく思います。私の両親も、妻となる香織も、香織のご両親も、みんなにとって大きな決断だったのです。応援していただいた皆さんにあらためて感謝申し上げます。

そのほか、新潟県がやっていた新規就農者に対する研修資金も役立ちました。しかし、最初のころは厳しかった。ハサミや小さなはかりを買う時ですら、お金を使うかやめようか、本気で悩んだものです。

一人では農業はできない　支えてくれる人たちへ

就農する時には絶対条件ではないように感じていたけれど、今になってみると一番大切だといえるのは「パートナーの妻」です。農作業にはどうしても一人ではできない仕事があります。

山の田んぼでは乗り入れが急坂の場所が多数あります。そんな田んぼでは、田植機の前に人に乗ってもらってバランスをとらなければなりません。そうしないと田植機がウイリーして危険な状態になります。妻が妊娠して一人で農作業をこなした年でも、この「田植えの時」ばかりは毎日誰かに手伝いに来てもらいました。

そんな絶対必要な部分は誰かにお願いするという選択もあるのでしょうが、やはり気心が知れたパートナーが一番。ましてほんの一瞬で終わってしまう仕事もあったりで人にお願いするのはなかなか難しいものです。

また、一人でもできるけれど、二人になるとぐんと効率が上がる仕事が多数あります。マルチやハウスシートの片付け、畑の草取りがそうです。一人だとすぐに飽きてしまうのですが、二人でやっているとついつい多めにやってしまいます。

仕事以外でも風邪を引いたりケガをしたりした時には、やはり一緒に生活している人がいるのは心強いものです。都会暮らしでは周りにコンビニエンスストアや薬局があって一人でもやっていけるのでしょうが、山里の暮らしではそうはいきません。家族のありがたみを感じる。これも田舎暮らしがもたらす〝幸せ〟でしょう。

農村暮らしには、喜怒哀楽を共にできる伴侶がいるかいないかが大きな違いにな

川谷の秋祭りでムラのおばあちゃんたちと。周りの皆さんに支えられて子育てをしています

ります。

さて、身内以外にも応援してくれる人はたくさん必要でした。山村での暮らしに価値を認めてくれる人はやはり大きな心の支えになります。自分たちがやっていることはそれなりに意義があるとは思っていても、「ほかの人」からその意義を認めてもらっているのとそうでないのでは大きな違いです。くたびれて疲れた時にはそんな応援が大きな力になります。

経営的には「お客さま」が何よりです。私が売っているお米はスーパーマーケットなどに置いてあるお米に比べるとかなり高いのですが、私たちの思いに共鳴して買ってくださるお客さまがいます。

農産物の味はその年の天候によって微妙に変わります。それでもここの暮らしに思いを寄せ、気に掛けてくださいながらお米を心待ちにしてくださるお客さまがいるというのはすごく幸せです。

師匠は3人目の親　2年間の修業時代

川谷に移り住んでから二年間は〝修業時代〟でした。農作業はほとんど自分の裁量でやれたとはいえ、分からないことや失敗することがたくさんありました。そんな不安定な時期に県の新規就農支援事業の対象になって、「研修生」になりました。研修生ということで人に相談もしやすかったように思います。

さて、その修業時代ですが、私には二人の大きな〝親方〟がいました。一人は研修先になっている朝日池総合農場の平澤栄一さん。ここに移住するきっかけになる情報を伝えてくれたのも平澤さんです。まだ漠然と「農業をやりたい」という思いしかなかった時から、何かと相談に乗ってくれました。

農機具の値段、肥料、はては田舎での生活費のことまで…。多くのことを平澤さんから学び、シミュレーションができたからこそ、川谷でのスタートに大きな不安を抱えずに済んだのです。

そして、その平澤さんからは人脈も作っていただきました。農業を始めるに当たっては、自分の向かっていく方向を確かめるため、できるだけ多くの人の歩みを聞くことが大切です。特に地元の上越で目指すべき方向が重なり合う人たちとの交流は絶対に必要。上越といっても広いエリアですから、心通じ合う人を探すのは短期間では不可能です。そのような時に平澤さんから紹介していただいた人たちは魅力的に農業をやっていて、その人たちに相談できるようにしてもらえたのは大きな財産です。

また、平澤さんが代表を務める朝日池総合農場の皆さんには良くしてもらっています。農作業で困ったことがあるとまず相談するのは朝日池の皆さんです。農機具、販売など分からないことがあるとすぐに相談。平場で少し遠いのですが、気持ちよく応援してもらっています。二〇〇九年の秋、トラクターが田んぼに埋まってしまいましたが、朝日池総合農場の大きなトラクターを借りて無事に救出できました。夏には除草機を試しで使わせてもらったりと、今でも農業全般で助けられ応援してもらっています。

農業面ばかりではありません。子育て、病気、介護とヨロズ相談所です。やはり

いよいよ田植え。田んぼ１反につき苗箱を17枚ぐらい、トータルで900枚ほど用意します

困ったことをすぐに相談できるというのは心強いものです。自分の親よりも心置きなく相談しているかもしれません。

もう一人、地元の親方ということでは、田んぼを譲ってくれた小泉久蔵さんも大師匠です。移住一年目では育苗ハウスの建て方から田植えまで、秋も稲刈りの仕方と懇切丁寧に教えてもらいました。今までずっとこの田んぼで米を作ってきた久蔵さん。田んぼのクセを一番知っています。田んぼのクセで分からないことがあると相談に乗ってもらっています。

久蔵さんご夫婦には村の歴史から人間関係まで聞くこともよくあります。私の性格を理解してのアドバイスは本当に助かります。

はっきり断言できます。師匠の指導がなければ今の私はないでしょう。これからもよろしくお願いいたします。

結婚、星の谷ファームの立ち上げ

二年間の実地研修を無事にこなして独立したのが、移住三年目の春。独り立ちを前に、それまで一緒に暮らしていても入籍していなかったパートナーの香織と正式に結婚することになりました。

私たちはあまり派手なことをやりたいとは思っていなかったのですが、これまでお世話になった親戚の方々や研修先の朝日池総合農場の方々に集まっていただき、私たちの門出を祝ってもらいました。会場は新潟と、栃木の妻の実家、私の実家の中間点に当たる大宮でした。少しは稼ぎ始めていたとはいえ、まだまだ修業の身。

みんなに協力してもらいながら何とか無事にスタートを切ることができました。

また、この年の秋には、川谷地区の皆さん、お世話になった役場の方なども呼んで、廃校になった川谷小学校の体育館で独立記念パーティーも開催しました。自作の歌を披露し、これまでの歩みをスライドで上映。

手作りで、ささやかな会でしたが、川谷で根を下ろしてやっていくことの「決意表明」をさせてもらったのです。

一九九七年、独立。自分たちの農場を立ち上げて本格的に営農を開始しました。二人で農場の名前をあれこれ考えました。「農場・山小屋」「こぶし農場」…。そんな中で香織が考えたのは「星の谷ファーム」。

川谷で暮らし始めて自然の豊かさを実感していたのですが、なかでも夜見上げる星の美しさは格別でした。ちょうどこのころ大きな「すい星」が夜空をにぎわせていました。すい星は遠い太陽系の果てから太陽めがけて旅をしてきます。その美しい尾をたなびかせるのは何百年に一回だったり、これっきりだったりします。まさに一期一会。そんなすい星を毎晩家の前から眺めることができたのは幸せです。都会に住んでいたらなかなか見ることはできません。

そんな素晴らしい夜空を見ることができる素敵な場所、川谷にある農場に「星の谷ファーム」の名前を付けたのです。

3　私の仕事場　営農の実際

愛すべき川谷　本当に尊いもの

【春】

四月半ばになると集落を取り囲んでいるブナの木々が芽吹き始めます。雪に埋もれ寒さに耐えた長い時間、ため込んでいたエネルギーが一気に吹き出します。芽吹きの色や早さは、木の種類によって異なります。日々変化する山の色はいくら見ていても飽きません。

雪が解けた大地にはカタクリの花が一面に咲き、ギフチョウが飛んできます。フキノトウやウドなど山菜も次々出てきます。

農作業も雪消えと同時に始まります。イネの種籾《たねもみ》の準備、野菜の種播《ま》き、山菜採りもあり、春は朝から晩まで忙しく過ごします。

五月中旬には田植えが始まります。肥料を撒いて、耕し、水を引き込み、代掻きをする。次々に仕事をこなして田植えになります。

田んぼに水を張るとすぐにカエルたちが大きな声を出してにぎやかに合唱を始め、辺りのブナやナラの木もすっかり葉を広げてまばゆいばかりの緑色です。

【夏】

梅雨になると日々の仕事は草刈りと草取り。次々と伸びてくる雑草との戦いです。

梅雨も終わりごろ、夜になるとホタルが淡い光で飛び交います。川谷ではゲンジボタル、ヘイケボタルと二種類飛んでいます。辺りが闇に包まれるころ、冷気を含む空気を吸いながら田んぼへ。はかなげながら凛とした光——。じっと見入っていると、昼間汗をかいて疲れた体が深呼吸するように息を吹き返します。

ブルーベリーの収穫もこのころ。雪消えからしばらくすると白い可憐な花が咲き、いつのまにか実がふくらみ、緑色から青色に変化し始めます。収穫は青く熟した実を一つぶ一つぶ摘み取ります。熟したブルーベリーをほお張ると口の中いっぱいに甘酸っぱさが広がります。

梅雨明けと同時に本格的な暑さがやって来ます。暑い夏の外仕事は疲れます。それでも夕方から吹く風は平場の熱風とは違い涼やか。夜はぐっすりと眠れます。

梅雨明けのころ、田んぼではイネが急に大きくなります。夜が明けきらぬ朝、田んぼに行くと葉先には露がつき、昇ったばかりの太陽に照らされて宝石がちりばめられているようです。

野菜を収穫した後は軽トラの荷台の上でお茶の時間。この時間が楽しみで畑に向かいます

その稲株のなかにクモが巣を作り、幕を張っています。たくさんの生き物が食物連鎖のドラマを展開しています。

田んぼでは早生稲から順番に穂が顔を出します。

八月もお盆のころになると、日が短くなって、川谷では朝晩は毛布が必要なぐらい涼しくなります。いつの間にかススキも穂を出しています。
次第にイネの穂が傾いて、過ぎゆく夏にちょっと寂しさを感じます。

【秋】

九月中旬にはいよいよ稲刈り。黄金色になった田んぼを刈り進みます。七月上旬に田んぼから飛び立った赤とんぼが戻ってきて産卵しています。辺りの木々の色も少しずつ秋の装いに変わり始めます。

十月も中旬になると田んぼの稲刈りは終わります。夏の終わりに播いたダイコンや白菜が大きくなって食卓にのぼります。

辺りの山々は日々色を変えていきます。木の種類によって紅葉の色はもちろん、進み具合も異なります。黄色、赤色のパッチワークのようです。秋の木々の色は変化に富んでいて面白いものです。

子供たちは地面に落ちているドングリを見つけ、クルミを拾ってはおもちゃにして遊んでいます。

十一月の中旬には初雪が降ります。冬に向かってブルーベリーの冬囲い、家の周りの片付け、野菜の保存と一年間を締めくくる仕事が続きます。

【冬】

晩秋から初冬になると時雨模様の日が続きます。日本海から吹き付ける季節風が次第に冷たくなって、雪が降る日が多くなります。十二月中旬に降った雪が根雪となりホワイトクリスマスを迎えることもしばしば。

新年を迎えると雪も本番です。まさに「ずんずん」と雪が降り積もり、積雪が三メートルを超える年もあります。

静寂とともに真っ白な雪が一面を覆う。厳しいながらも、この景色には厳かな美しさがあります。夜に雪が降り、朝になってから晴れ渡るとその美しさは何とも言えません。誰も来ないブナの森。動物たちの足跡がにぎやかに行き交っています。

二月も中旬を過ぎると日中の時間が延びてきます。野山でも木の芽が少しずつふくらみ始めます。

山に入るとマンサクの花がひっそりと咲いています。

本格的な冬を前にブルーベリーの冬囲い。なぎさも戦力として活躍中

私が移り住んだ川谷は、日本海からおよそ二十五キロメートル、四十分ほど車で内陸に入った標高二百メートル付近にある集落です。西側には尾神岳《おがみだけ》とその裾野が延びています。ブナやナラの木に囲まれた静かな山村。

川谷では季節の変化を体全身で感じながら暮らすことになります。厳しいながらも家族が古民家に身を寄せ暮らしていると、便利ではないけれど、家族のしっかりとしたつながりに幸せを感じることができます。

何でもそろう豊かな生活――。でも、その「豊かさ」と「幸せ」は違うのではないでしょうか。

収入の目論み　1年目の収益は？

村に移り住んで二年間は、県から支給された農業研修資金がありました。当時は今よりも優遇されていて月十五万円ほど。暮らし始めには大いに助かりました。研修期間が終了した独立一年目。いよいよ農業の収入だけでの生活が始まります。川谷に入植することを考え始めた時から、「農業収入」がどれくらいの金額になるのか、真剣に検討してきました。

経営計画書も作り、ばっちりシミュレーション、無計画で入ってきたわけではありません。でも、やってみなければ分からない出費も相当あるんじゃないか…。正直に言うと不安も大きかったです。

さてここで、お米でのおおよその売り上げ。

お米の売上金額は意外と簡単に計算できます。

「総収穫俵数×一俵（約六十キロ）の値段」

農家では米の収穫量は十アール（＝一反・一千㎡）あたり何俵採れたかで話をし

ます。つまり十アール（一反）あたり七俵とか八俵と表します。それに何反の田んぼを作っているか、耕作反数を掛けると「総収穫俵数」が出てきます。

ちなみに田んぼでの収穫俵数はその土地によってほぼ決まっています。川谷では八俵とれれば豊作。さらにその数字は個人の技量で微妙に変わってきます。また、減農薬栽培にしたいとか、有機栽培でやりたいなど、量より質を求める方向を目指せば、どうしても地区の平均よりも低い数字になってきます。当然、天候によっても変化します。思ったように完璧な稲作はできないものです。

「一俵の値段」はその年の農協の買い取り価格がベースになります。就農当時は一俵二万二千円でしたが、現在は一万四千円。卸売業者などの大口の取引では、農協の価格より少し高めでしょうか。

私の場合はお客さまに直接お届けする販売が多くあります。こちらの価格はコシヒカリ一俵三万五千円ほどで就農当時から変えていません。またカモ農法コシヒカリのように特別に手間が掛かるものに関しては四万三千円。

就農して初めのころは農協への販売が三分の一、お客さまへの直販も三分の一（残りの三分の一は朝日池総合農場）でしたが、次第にお客さまへの直販を増やし、今ではほぼそちらで売れています。

現在はお米以外にもブルーベリーソース、おもち、お味噌などの売り上げも加わっています。でも基本は稲作の売り上げです。

私の売り上げはいくらになるか？　聞きたい人は直接尋ねてください。

さて、ここまでの数字は売り上げです。ここから引き算が始まります。肥料、農薬、動力光熱費、土地改良費など経費が掛かります。ほかにも作業衣料費、パソコンやデジカメなどの事務消耗品費、ＮＨＫの受信料も全額ではないですが経費になります。自宅で仕事をしていると経費になるものが結構あります。

機械代もかなりのものです。大きい買い物はトラクター、田植機、コンバイン。減価償却費となって計算されます。私の場合は、新規就農者支援事業で新潟県単独の補助事業を使いました。機械の価格の五割ぐらいを補助してもらい、残りの金額をリース代として支払いました。

ほかにも乾燥機、籾摺《もみす》り機、草刈り機、軽トラック…。使う機械は増えていきます。

これらを合わせていくと六百万円程度の経費になります。

さて収入から経費を引き算するとどれぐらい手元に残るでしょう？　田舎で暮らすには十分な金額です。欲を言えばきりがないのですが、その後も不自由なく生活しています。

農業経営の現状報告

ここでの暮らしも十五年。今の耕作の状況です。

田んぼの面積はほぼ五ヘクタール（五百アール・五万㎡）。そのうち「コシヒカリ」は三百七十アール。そのほかには早稲品種の「ゆきの精」が六十アール、「こしいぶき」が四十アール。「こがねもち」が三十アール。

こしいぶき、ゆきの精などの早稲品種を植えるのは二つの理由があります。

まずは作業時期の分散。コシヒカリだけを植えているとどうしても秋の仕事が一時期に集中してしまいます。早稲品種を植えることで秋早くから稲刈りができます。そして新米をお客さまに早めにお届けできる利点もあります。

もう一つは冷害が発生した時の危険分散のためです。お米は主食。おいしさも大

星の谷ファームの年間作業

	稲作仕事	そのほか
4月	苗作り　肥料散布	野菜苗準備 ブルーベリー縄ほどき
5月	用水普請　耕起　代掻き　田植え	野菜の定植
6月	カモネット張り　カモ管理 畦草刈り	ブルーベリー除草
7月	カモ管理　畦草刈り　穂肥散布 田面水の排水	ブルーベリー収穫
8月	畦草刈り　カモネット撤収　秋作業の準備	野菜の収穫
9月	稲刈り　新米の発送	秋野菜の定植 ブルーベリーの除草
10月	稲刈り　秋肥料散布　秋の耕起	秋野菜収穫
11月	機械機具洗浄　作業場片付け	ブルーベリー冬囲い
12月		おもちの発送
1月		通信作成　会計　除雪
2月	機械整備	会計　除雪
3月	発酵肥料の製造	作業計画

※上記は主な仕事です。お米の発送はほぼ毎月あり、そのたびに精米作業があります。ブルーベリーの農産加工も毎月。
※年によって仕事のタイミングは前後します。

切ですが、まさかの時のことを考える必要もあります。コシヒカリの花粉ができる時期に寒さがくれば減収は必至。そんな時でも少し時期が異なる品種を植えておけば主食の米が無くなる危険を回避できます。

こうした早稲品種も結構おいしいものです。ゆきの精は少し柔らかめで淡泊な感じ。こしいぶきはコシヒカリよりも少し歯ごたえがある感じ。早稲品種を食べるとそちらがお気に召すお客さまもいらっしゃいます。皆さんもぜひいくつかの品種を食べ比べてみてください。

コシヒカリでは一ヘクタールちょっとでカモ農法有機栽培をしています。今後は除草機・チェーン除草も組み入れて有機栽培の面積を増やしていく予定です。

こがねもちは朝日池総合農場でおもちについてもらっています。年末にはお客さまにお届けして、お歳暮などにも使っていただいています。川谷で収穫するもち米の粘りときめの細かさは絶品。お赤飯でももちでもついつい食べ過ぎてしまいます。

お米以外ではブルーベリーが主力作物。全部で四十アールぐらい、三カ所に分散して植えてあります。収穫したブルーベリーはすべて「ブルーベリーソース」に農産加工しています。一ビン二百四十グラム、七百五十円です。

このほかには自給用の野菜。キュウリ、トマト、ナス、ピーマン、シシトウ、スイカにトウモロコシ。白菜、大根、キャベツ、レタス、枝豆、インゲン、キヌサヤ、ジャガイモ、サツマイモなどなど。ほかにもいろいろと植えています。無農薬での栽培で虫君たちに邪魔されながらですが、楽しく作っています。

自給野菜は生活の潤いにもなります。毎年、作って食べるものが増えています。

まだまだ作りたい作物はたくさんあります。多くの作物を作ると、農作業も食生活も豊かに楽しくなります。

トライ&エラー　15年の成功・失敗

十五年間の山里暮らしでは失敗の連続と言っても過言ではありません。成功体験は…。恥を忍んで失敗の数々をご紹介します。

失敗で真っ先に思い出すのは一年目。秋の収穫時に起きた事件です。

皆さんは、田んぼはいつも水が張ってあって柔らかいものだと思っていませんか？　実は七月の中旬には田んぼから水を払って、泥だった田んぼの土を固めるのです。そうしないとイネの根がぐらつき、イネが倒れやすくなります。また、土が柔らかいままだと、秋の稲刈りの時にコンバインが田んぼに入らず仕事がしにくくなります。

一年目、その重要な作業である田んぼを固めることができませんでした。

もともと山の田んぼでは、山際に水がしみ出してくるので、乾ききらずに柔らか

山の田んぼにはズブズブとぬかるむ場所も。そういった所は手でイネを刈り取らなければなりません

い場所があります。私などは田植えの時と同じひざ上まである長靴を履いて稲刈りをしています。

普通の年でもそういう状況なのですが、一年目は悲惨でした。いま思い出しても冷や汗が出ます。

梅雨明けが遅れて短い夏でした。お盆過ぎでもまだ柔らかい田んぼが結構あったのです。お盆を過ぎると昼の時間はめっきり短くなり、日差しもぐっと弱くなります。大丈夫かな、大丈夫かな…。柔らかい田んぼに悩まされ、八月の終わりごろには夜もぐっすり眠れず、げっそりと痩せてしまいました。

さて、稲刈りに最初に向かった田んぼ。心配は現実のものとなりました。大きなコンバインが、ズブズブと柔らかい田んぼに沈んでいきます。もう手が付けられません。その後は一週間掛けて二枚の田んぼを手刈りしました。腰をかがめての仕事はかなりきつい。でも「収穫は待ったなし」です。精神的にも肉体的にもヘトヘト、憔悴《しょうすい》しました。その年はほかにも柔らかい田んぼが多くあって苦労しました。

米作りにも慣れた五年目ぐらいからアイガモ農法を取り入れて、無農薬で米を作るようになりました。当初から無農薬の稲作に興味があったのですが、除草のことを考えるとなかなか一歩が踏み出せませんでした。

ちょうどそのころ、上越でカモを使って除草をする農家がチラホラ現れました。その田んぼを見に行くと、かわいいカモたちが田面を泳いでいる姿は楽しそう。「これはいい」とカモを田んぼに放すことにしました。

でも、そこは川谷。一筋縄ではいきません。イタチ、テン、キツネと地上からカモを狙う動物がいます。上空からはワシやタカ、カラスが襲来してきます。そこで田んぼの周りを電気牧柵で厳重に囲い、田の上はテグスを張りました。それでもなかなか完璧にはいきません。

ある年はキツネが味をしめて行ったり来たり。ファミリーでカモを襲います。様子を見ていると、電気牧柵の囲いを簡単に飛び越えているのです。カモが泳ぎ回っているはずの田んぼの中をキツネが〝跳梁跋扈《ちょうりょうばっこ》〟しているのはいただけません。その後、先輩農家を参考にして電気の線を増設してキツネがネットの近くに寄れないように改良しました。失敗している時は悔しいのですが、工夫してうまくいった時はうれしいものです。

米以外ですと、わが家の主力生産物にブルーベリーがあります。

ブルーベリーを初めて植えたのは独立三年目でした。主に妻の仕事づくりをという思いから始めました。先輩農家でうまくいっている人がいるので簡単に栽培できるかと思ったのですが、「甘かった」。これがなかなか難しい。

第一の失敗は「植えた場所」です。とりあえず空いていた減反の田んぼに植えてみました。最初のうちはそこそこ成長していたのですが、どうも脇から出てくる枝が少ない…。今だから言えるのですが、ブルーベリーは水はけがいい場所に植えないとダメなんです。雨が降るとぐちょぐちょするような場所では元気に育ちません。北向きの斜面で日当たりもイマイチ。場所選びはとても大切です！　今ではかって桑畑だった南向きの土地のブルーベリーに力を入れています。

第二の失敗は「冬囲いの遅れ」です。雪が降るまではまだ時間があると思っていたら、その年は十一月四日に初雪。五十センチもの大雪です。初雪は気温が高いからなのでしょうか、重く湿っていて枝に付着しやすい雪でした。降雪直後にブルーベリーの畑に行くと、時すでに遅し…。折れた枝がいっぱい。季節の変化を見極めながら仕事をするのは難しいものです。

第三の失敗は虫君たち。二〇〇九年にはマイマイガが大発生。あちらこちらの葉を食害。花芽まで食べられて減収です。

栽培を始めて十年以上たつのですが、なかなか思うように収穫量が増えません。妻のブルーベリーソースを作る技術は向上しているのですが、肝心要の収穫量が伸び悩んでいます。それでも、子どもたちの成長で、以前よりは子育てに手が掛からなくなってきました。妻と一緒にブルーベリーと向き合える時間が増えれば、収穫量も間違いなく増えていくことでしょう。

切磋琢磨　上越有機研の仲間たち

川谷に移り住んでからは、地元の人たちと情報交換をしながら農業を続けています。なかでも「上越有機農業研究会」の仲間が何でも教えてくれます。

上越有機農業研究会は、一九八九年に上越の農家が集まって農産物の販売や有機農業の実践、農業情勢、食の安全などについて「勉強し語り合う」グループとして発足しました。

上越地区全体に会員がいるのですが、それぞれの会員が自分にあったカタチで農業経営をしています。各自のポリシーが経営に出る、これが農業の面白いところ。

緻密な計算の元にハウスを使い回し、野菜から花まで多彩に栽培する竹内秀彦さん。

ブルーベリーの果樹園にログハウスを建て、自然観察、釣り、子どもたちの自然体験など、アウトドア全般の達人。農業経営も立派で取り組みも多彩な吉田惣栄さ

▶かわいらしいアイガモは子供たちにも大人気

ん。

農産加工の先達として「くびきモチ」の会社を仲間と共に立ち上げ、「新潟のうまいモチここにあり!」と頑張る峯村正文さん。映画や音楽にと文化全般に趣味も多彩で、話をしていると引き込まれます。

私と同じ新規就農者、ハウスで極上の味のトマトを作る山岸協慈さん。ギターの腕は玄人はだしで、ギターをやるために百姓になったとか。

紹介し始めるときりがありません。みんな農業以外にも才能があり、集まると話題はいつも脱線気味。自作の歌や民謡も飛び出し、楽しい時間が過ごせます。その半面、農業や人生の悩みを真剣に語り合い、何かしらの答えを見つけられるまじめさもあります。

農業を始めるまではあちらこちらを見て回ることもあるのですが、その後はどうしても出歩く範囲が狭くなりがちです。そんななかで、話題が多彩な上越有機研の仲間たちは大いに助かります。

また、農業で新しい取り組みをしようとする時に相談すると、いいアドバイスがもらえます。何せみな経験豊富! トライ&エラーの繰り返しで今の経営があります。私にとっては新しい取り組みでも、みんなのなかでは誰かが経験していることばかり。実に助かります。

私はこの上越有機研の四代目会長に二〇〇五年に就任しました。会長になった直後、上越で国のとある農業研究機関が遺伝子組み換えイネの屋外実験を行い、新潟県全体で大きな騒ぎになりました。上越有機研も反対を表明しました。会長に就任したばかりの私もあちらこちら反対運動に出かけ、今でも参加しています。

遺伝子組み換え作物は私たちにとっては不要です。自然の中で生活を営む百姓こそ、自然の声に耳を傾け「不要・不自然な技術」を拒む先頭に立てます。生物の進化を無視して、人間の利己的な目的で遺伝子を改造する「遺伝子組み換え作物」は、自然環境に大きな傷を残すでしょう。

遺伝子組み換え作物の根本にあるのは、命までも「効率」優先に使うという思想です。効率最優先で思考し、行動することの限界や弊害は至る所に現れています。自然のリズム・流れを大切にした農業の素晴らしさ・必要性を、百姓はもっと伝えるべきです。

遺伝子組み換え反対運動で、多くの人とつながることができました。これも私にとって大切な財産です。

4　村に溶け込む　生活の実際

娘の誕生　川谷での子育て

川谷に移り住んでから四年。二十八歳の秋に長女「なぎさ」が産まれました。この年は台風の当たり年。秋の稲刈りの時季になると次々と日本を襲いました。なかでも7号は上越を直撃。川谷も「台風の目」に入り風速四十メートルの暴風雨が吹き荒れました。翌朝、田んぼに向かうとイネはばったり。その後のイネの刈り取りは倒伏していて思うに任せず。

おまけに秋雨前線が日本の上空をウロウロし続け、秋晴れの気持ちの良い日が長続きしません。稲刈りでコンバインを動かすのは露の切れた昼間だけなのですが、なかなかはかどらずにイライラ。

臨月を迎え大きなおなかの妻は農作業ができず、私一人の作業で苦労が倍増する秋でした。

　そんな稲刈りも十月二十二日に終了。ホッと胸をなでおろし、ひと息つこうとするやいなや、二十三日の昼前に妻が産気づき、午後三時ごろに長女「なぎさ」が産声を上げました。倒れたイネの収量はイマイチでしたが、娘が生まれて〝大豊作〟の秋となりました。

　その後二〇〇三年には次女の「みさき」、二〇〇六年には三女の「あかね」が誕生しました。

　長女はこの地区では十五年ぶりに生まれた子供です。

　地区にとっては喜ばしいことでも、生まれた子供や私たち夫婦にとっては大変なこともありました。まずは子供を産む病院。産むまでに何回も検診に通うのですが、車で小一時間、三十キロメートル先の上越市の市街地の病院に通うことになります。

　冬の時季は雪が降って夜中などは通行不能になることもあります。かつて大雪で道が閉ざされて「出産の時にヘリコプターを使ったこともある」なんて話を聞いていたので、雪のない時季、それも農作業が暇な季節を狙っての出産。いつでも好きな時季、天に任せてというわけにはいかないのです。ちなみに次女は八月二十日、三女は十一月二日と、冬以外の少し手が空くころに生まれています。

生まれてからも病院に通うことはしばしば。二女はダウン症という障害もあったので特に検診の回数が多く、妻には苦労を掛けています。

保育園や学校もかなり遠くになります。子供たちには不便な思いをさせていますが、移住したころはもっと近くにあって、役場では「子育ては安心です」なんて説明をしてもらっていたのですが…。

でも、苦労することばかりではありません。ここでの子育てはいいことがたくさんあります。なんといっても四季の変化のある川谷で、自然を感じながら子育てできるのはいいものです。吹雪のなかで通学バスを待ったり、春の雪解けの時の土のにおいをかいだりすることを日常の暮らしのなかで体験できるのは、デジタルでバーチャルな情報が氾濫している現代ではぜいたくなことです。

「家族生活」もみんなの協力無しでは成り立ちません。なにせ近くのスーパーやコンビニは十キロメートル以上も離れています。「今日は疲れたから出来合いのものを買ってきて済まそうか」。そういうわけにはいきません。ピザのデリバリー、そ

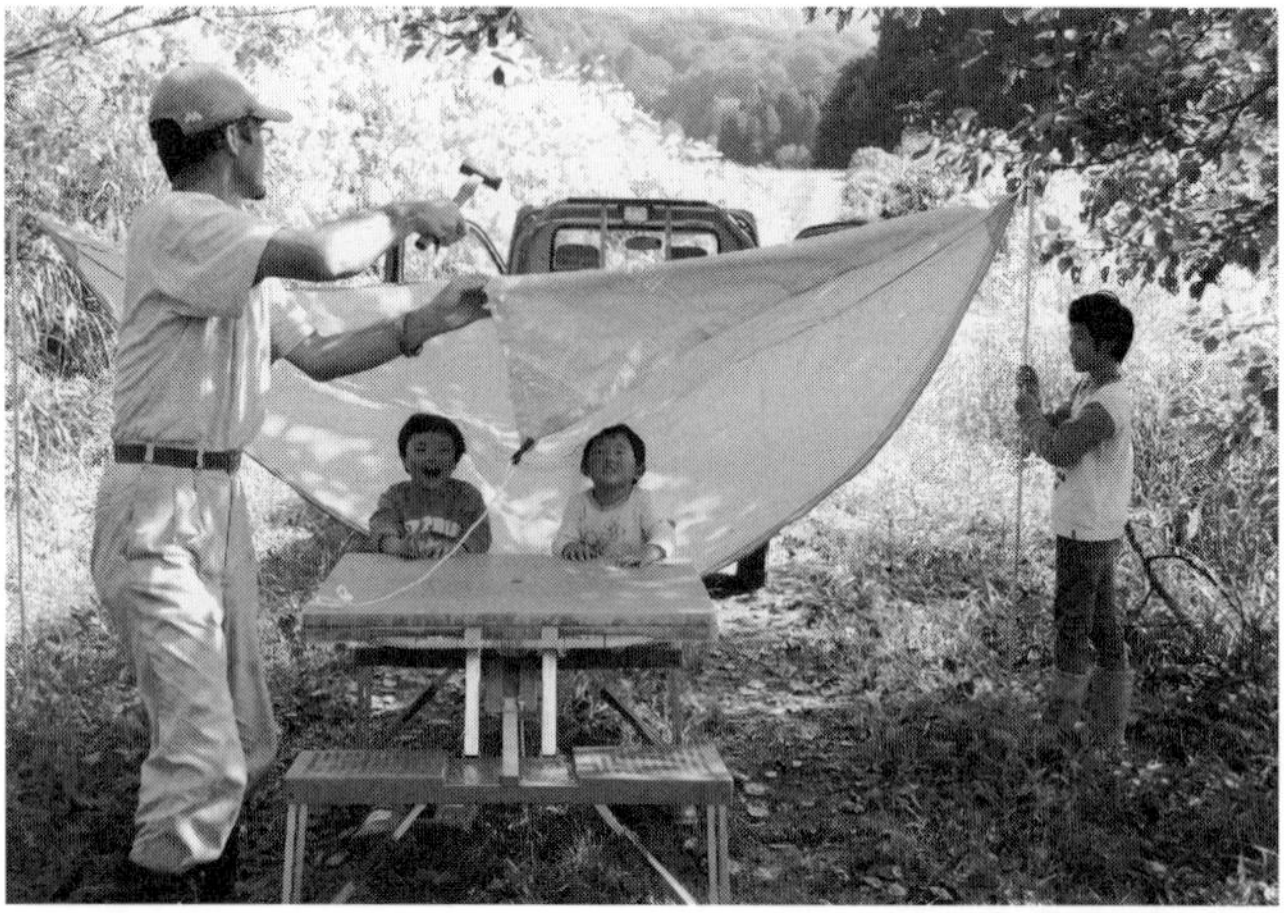

田んぼの脇でみんなでランチ。何気ないひと時が私たち家族の幸せです

ば屋の店屋物を頼むにも配達範囲外。携帯電話も二〇〇八年までは通話不能地域でした。こんな場所では農繁期は特に子どもたちの手伝いが必要です。朝ご飯作りから、夕食の手伝い、子守まで何かとやってもらうことになります。

お互いに自分の時間を我慢して、家族のために協力しなければいけないのは「苦痛」な時もあります。しかし、お互いが協力している「お陰」で生活が営めるという当たり前のことを肌で感じています。長い目で見ると、そんな「不便」にこそ幸せがある。子供たちには半ば無理やり体験させている格好ですが、いいことだと思っています。

今は便利に生活できる暮らしを求めることが多いのですが、便利さによって幸せから遠のいている。便利さが幸せの「種」を隠してしまっているような気がしてなりません。

さて、子どもたちが生まれると、その子どもたちをどんなふうに育て、何を伝えるか、親は子どもと向き合いながら自分の人生とも向き合うことになります。都会から山村に移り住んで、思うような人生を送っているかといえば、まだまだ思うに任せないこと、不完全な部分がたくさんあります。

それでも子どもたちに、自分の能力の限り「長い時間歩んできたよ」といえるように日々精進です。

天明家の役割　消防団や伝統行事など

農村は地域の人とのつながりが濃密です。ですから、そこでの人間関係が生活のしやすさを大きく左右します。私たち家族にとって川谷の人たちの助けなしには暮らしは成り立ちません。

ここで暮らし始めたころは右も左も分からない状態。地域の人の応援を受けながらなんとかやってこられました。

お世話になったこの地域に住んでいる人も、ほとんどが六十歳以上。そんな事情で、本来は若者がやっていた役割も次第に年を取った人がやることになってしまいます。とはいえ、やはり若くなければできないこともあり、私のところにはいろいろな「役」が来ます。

その代表が「消防団」。「これが嫌で村から出る人もいた」なんてまことしやかに言われるのですが、今ではそれほどの強制感はありません。移り住んで三年目、農業研修が終わると同時に入団しました。

当時はまだこの川谷地区だけで班があり、定年は五十五歳。みな定年まで務め上げて退団していました。火災が発生すると、定年間近の方も一緒になって消防自動車に乗り現場に急行。雪が降る中での消火作業もありました。

二〇〇二年、高齢化によって山間部だけでは消防団が維持できず、もう少し広い範囲で班を作る再編がありました。川谷班から源班へと広域化。地域で少しでも役に立ちたいと思っている若者は、まじめに活動しています。

六月の演習が一番忙しいのですが、ポンプ走法の当番に当たった年は週に何回も練習を重ねて走り回ることになります。そんな事情もあってどうしても若者がやらなければいけないことになります。

この四月には「分団長」になりました。もともと大声で人に命令したり、人と同じ動きをしたりするのが苦手なのですが…。それでも地域のために働いていると、得るものもたくさんあります。

さて、地域に欠かせないものとして「伝統行事」も挙げられます。その代表が、村の神社での祭りと冬の賽《さい》の神です。

村の神社の祭りは春と秋、神主さんに来てもらって祝詞《のりと》をあげ、お祓《はら》いをしてもらいます。

その後に鉄鍋に沸かしたお湯を、塩で清め、お湯に浸した笹の葉をみんなに向かって振り回します。笹の葉からお湯が飛び散りお祓いする「探湯《くかたち》神事」。その後は車座になって酒を酌み交わします。

祭りが行われる社は村を見下ろす南向きの場所。五抱えもありそうな大きな杉の木が社の脇にそびえ立って、迫力があります。この社の維持管理もけっこう大変なのです。祭り前の掃除から、冬囲い。地震で傷めば修繕をすることもあります。毎年春と秋にあるお祭りには、三人の子供たちも都合がつけば出るようにしています。春の田植え、秋の稲刈りが忙しくなる前にある、春秋のお祭りで気分を引き締めることになります。

正直に言えば、村の人口が減ってその維持だけでも苦労しています。全国あちらこちらの神社で、人手不足で祭りが途絶えているそうです。川谷の熊野三社には昭和初期に写した祭りの写真が飾ってあるのですが、ものすごい人数が写っています。うらやましい!!

川谷を含む少し広い地域で行う伝統行事に「賽の神」の冬祭りがあります。小正月の行事でかつては一月十五日に行われていたのですが、今では成人の日が移動するのであちらこちら日程が定まりません。

地区あげてのこの行事は、高さ十メートル以上もある大きな賽の神を作り、火を点火して一年の無病息災と五穀豊穣を祈ります。

ちょうどこれから冬が厳しくなり、積雪が増える直前の行事なので、みんなが集

賽の神の前で記念撮影。大きな賽の神は地区のみんなが協力している証しになっていて、みんなの自慢です

まって気分をリフレッシュ。雪上ゲームを楽しみ、おもちをついてお雑煮をたらふく食べます。

私が移り住んだころは賽の神作りやもちつきなどは、手を出すところがないほど多くの人がいました。しかし、今ではあちらこちらで人手不足。飛び回って参加することになります。地区の伝統行事は地元の若者が多数いて受け継がれるべきものですが、厳しいのが現状です。

その川谷地域では、夏の運動会や都市交流にも力を入れていて、私も参加する場面が多数あります。ここ二年は夏の運動会の実行委員長も務めました。

どの行事も地区の人の様子を知るためにはとても大切な行事です。それまで毎年出てきていたばあちゃんたちが出てこられなくなったりと、ちょっとした人の出入りが地区の状態を知る手がかりにもなります。

主力になって働くと同時に、いろいろな話を聞いたりと勉強させてもらう場になる地区の行事です。

居を構え15年　楽しいあれこれ、苦しいあれこれ

移ろいゆく自然を感じながら遊べた時に、川谷で暮らしていて良かったとしみじみと感じます。

梅雨の夕暮れ時に飛び交う「ホタル」を眺め、

夏の夜は道の真ん中に寝転がりながらペルセウス座流星群の流れ星を数え、

秋には刈り終わった田んぼの脇でランチを楽しみ、

冬は雪が降り積もったブナの森を散策する。

ブルーベリーの受粉のためにミツバチを導入。ハチミツ作りにもチャレンジしています。なぎさがこっそり味見中

私たち家族が生活しているこの場所の自然を満喫すると、日常の暮らしの中に楽しい思い出が残ります。さらにここで農業をやっていての楽しみはたくさんあります。

種を播いて芽が出た時。ブルーベリーの花が咲いた時。その年最初に実ったキュウリ、トマトにかじりついた時。ささやかな喜びは無数です。

また仕事がひと区切りつくたび――。田植えを終えた時。一回目の草刈りを終えた時。穂が出そろった時。稲刈りを終えた時。農業の仕事では作業が一段落する時があります。その一つ一つを終えた時は何とも言えないいい気分になります。目の前に広がる仕事の成果を一望できるのはいいものです。

そんな時にのんびりと軽トラの荷台でくつろぎながら田んぼの上を渡ってくる風に吹かれるのは最高の気分です。春夏秋冬、吹いている風はそれぞれ違うのですが、どの風もいいものです。

農作業も機械を使うことが多い時代なので、急いで仕事している時は危なくて子供たちを呼べないのですが、ちょっとゆとりがあれば田んぼに誘い出します。田んぼを泳ぎ回るカモを眺めたり、そばにあるブナの森に入り込んだりします。

そんなささやかに楽しめる時間がここでは家からすぐの所、自分の仕事場で持てるのは素敵なことです。

苦しいといえば、やはり災害が発生した時です。

一年目には大雨がありました。山間地は発達した雲ができやすいのか、たびたび大雨の被害に遭っているのですが、最初の年の大雨はどうしても忘れられません。

梅雨末期の豪雨でした。バシャバシャと叩きつけるような降り方の雨が数日にわ

1995年の7.11水害で、山が崩れて土砂が流れ込んだ田んぼ。大雨のたびにあちこちで大きな被害が発生します

たって続くと、土砂が流れて川の色が真っ赤になります。そんな川の水の臭いはすえた感じで嫌なものです。水の力で大きな石までも流され、ギシギシ、ゴンゴンとものすごい音。

道も水が流れて川のよう。舗装されていない坂道では砂利が流され、えぐられ、側溝には流れてきた枝がつまり、さらに枯れ草などが引っかかってあちらこちらで水があふれ出し、まるで赤黒い水が噴き出す噴水のようです。

田んぼに流れ込む水の排水作業や、農業用水に詰まったゴミの取り除きで、軽トラで走り回ります。

この時も畦が崩れたり、山の土砂が流れ込んできた田んぼがあったりと大きな被害がありました。

おまけに家のすぐ近くでは、河川の水圧で土砂がえぐられ、岸辺に生えていた杉がなぎ倒されて川に流されました。家まで流されるのではと感じるほど、恐ろしい光景を目にすることになりました。

その後の天候は落ち着きましたが、その雨が降っている間、緊張のなかで動き回っていたからでしょうか、グッタリと疲れました。

何年かに一度は大雨があって、被害が発生しています。梅雨末期の大雨が来そうになると嫌な気分になります。

雨が降らずに暑すぎる夏も嫌なものです。用水の水も減り気味で、朝晩の水見で走り回るだけで疲労します。上下の田んぼの人とも少し神経戦気味になり、精神的にも困憊《こんぱい》します。

おまけに灼熱の下での草刈り、草取りでげっそりしてきます。こんな年は秋風が吹いて雨がざっとくると本当にうれしくなります。

冬の積雪は２〜３メートル、家は雪で閉ざされます。除雪機の無い時代、昔の人はどれほど大変だったんでしょう…

大雪もありました。来る日も来る日も降り続けるとさすがに嫌になってきます。家の周りは雪だらけ。明かり取りの窓も雪に覆われると昼間でも家の中は真っ暗。雪かきして家の中に入ると暗い家は気分を陰鬱《いんうつ》にさせます。この本を執筆しているこの冬も、積雪は三メートルを超えています。適度に降るといい贈り物なのですが、いい具合にはいきません。

地震もありました。震度6を上回る地震を「中越地震」「中越沖地震」と二回経験しました。家が壊れたりはしなかったのですが、本当に怖いものです。田んぼには地割れができて水がたまりにくくなり、中越地震から五年以上たった今でも影響は残っています。

こんな感じで自然災害が発生すると、やはり苦しいものです。でも、家に帰ると子供たちが無邪気な笑顔で迎えてくれます。家族があってここでの暮らしは何とか頑張れます。

年を重ねて分かること　これからの悩み

川谷に移り住んで十五年の月日がたちました。二十五歳から四十歳という、花を咲かせ実をつける、人生ではとても大切な時間を過ごしたことになります。

この間に妻と結婚して、子供が生まれました。農業経営も手探りの段階からある程度は先が読めるようになっています。

でも最初に思い描いていたようにはいかないこともたくさんあります。

十五年前には集落には十九軒の家がありました。いま思うとけっこうにぎやかでした。やかましいばあちゃん、無口なじいちゃん、かっこいい酒屋の杜氏もやっていたおじいちゃん。村のうわさ話を聞くだけでも面白かった。

村の中は都会に住む皆さんが思うほど理想郷ではありません。人が生きていれば、楽しいこともあり、いがみ合いもあります。それでもここに村ができてから数百年の間、基本的にはお互いに協力し合いながら村を維持し、みんな川谷が好きでした。そして、川谷のように雪深い山村では、協力して心を合わせなければ暮らしが成り立ちません。

それが今では十一軒。ここ数年で減少のペースが上がっています。この村を維持することと自体が難しくなっています。

かつての村のように多くの人が暮らせる村にしたいと思いながら、人口減少は止められそうにもありません。この人口減少は就農当初から予想していたことです。それを何とか止めるために「就農希望者」に移住してもらったこともあったのですが、うまくはいきませんでした。

自分でやれることには限界があるというのを思い知らされる十五年だったようにも思えます。

でも自分でやれる範囲で精いっぱい頑張って楽しく暮らしていく。そのことがすごく大切だと思えるようになりました。一時の流行ではなくて「自然を感じ、人生を楽しんでいる」そんな暮らしを続けていれば、いつか同じ思いを持つ仲間が現れるような気がしています。

5　農で描く私の夢

3Kをいかに克服するか　新潟への提言

日本の農業が抱える3K問題。高齢化、後継者難、耕作放棄。

新潟の山間地は特に厳しい。冬になると雪が二メートルも降り積もる地域。農業だけが不利なのではなくて、普通の生活も厳しい。でもいいところもいっぱいあります。

「これをやれば絶対大丈夫！」という解決策は恐らくありません。でも、厳しく素敵な自然環境の中での暮らし、甘いだけの簡便な暮らしでは分からない、苦味の中にこそ本物のうま味が隠れています。

次の世代にもこんな環境での本物の暮らしをバトンタッチしたいものです。

私はここに移り住むまで「農業が一番大切。農業があれば地域は残るのではないか」と思っていました。でも、そうではなかった。「地域があっての農業なんだ。地域が維持されることによって農業ができるんだ」ということが心底分かるようになってきました。

だから農業だけが良くなっても、その地域に住んでいる人がいなくなれば元も子もないのです。それぞれの地域で生活していくために、山間地の住民たちはこれまで結構頑張ってきたように思います。

繰り返しになりますが、現在の山間地の状況はかなり厳しい。今までと同じ考え方・やり方ではダメなことは確かです。とはいえ、いま流行の農業への企業参入、儲ける農業などはどうも地域の生活と密接なものを感じません。特に山間地においては「流行り廃り」のある世界ではない、しっかりとした暮らしを作り上げなければ長続きしません。

このところ私たちにとって盤石であると思われていた企業の不振や倒産の報道を耳にします。企業の栄枯盛衰を見ていると、絶対安全な企業など無いことが分かります。でも、自分たちが食べる物をそんな栄枯盛衰のある「企業の論理」に任せていいものなのでしょうか？　「食は命」です。企業の論理ではなく「命の論理で守

5月の連休にみんなで行う用水普請。草を刈り、用水路の泥や落ち葉をさらいます。この用水も先人たちが守り続けてきました

るべきもの」ではないでしょうか？

未来に向かって残すべき「農」のカタチを私自身も探しあぐねています。

現在は踏ん張りどころ。農山村での新しい暮らしをみんなで作り上げるいい機会かもしれません。そのために私が考える幾つか解決のためのキーワードを書いてみます。

①人材（人材バンク）

何といっても〝人〟が必要です。

現代は効率が人生の選択の大きな「物差し」になっています。だから非効率な山の暮らしや農業は真っ先に消滅しています。目先の利く人からどんどん出て行ってしまいました。

でもそんな効率だけが尺度の世の中は、潤いや面白みも薄れた世の中ではないでしょうか。手間が掛かることにも価値を見つけ、もっとみんなが面白い、これをやってみたい、そんなことに果敢に挑戦する人たちに山里で暮らし始めてもらいたいのです。

このような人たちに住んでもらうためには、行政はもっと戦略的になってもいいと思います。

例えば盛んに行われている都市交流なども「定住希望者」に焦点を絞って呼んでみる。定住を希望する人を毎年ある程度まとまった数受け入れる。間口を絞るやり方ですが、それでもこの場所を気に入ったという人が見つかるような気がします。

移住者が多い所はやはりそれぞれの地域で努力しています。新潟県に関して言えば保守的、閉鎖的な県民性もあってなかなか増えていない印象を受けます。

たくさんの人が来ると、失敗したりトラブルを起こしたりする人も出てきます。しかし、それは会社に勤めても多くの人がすぐに辞めていく時代。あまり気にしていては前に動かないのではないでしょうか。

そして、いいなと思ってくれた人をつなぎとめるために「人材バンク」のような組織が必要です。ただ地域に住むだけなら家があれば何とかなるでしょう。しかし、農業をやりたいとなると話は別、農地ばかりはタイミングが大切です。耕作を止めて三年もたてば耕作不能地になってしまいます。離農者が出たその時に耕作をスタートさせるために、希望者を前もって受け入れ、農業に携わってもらうような組織、プレ就農的な組織を各市町村に一つずつぐらい作ってみてはどうでしょう。

そこでの研修と並行して、ヘルパーとして農家の実際の仕事を手伝ってもらい、地元の人間と顔なじみになってもらうのです。

仕事をしているとその人の能力はすぐに分かります。挨拶の仕方から、仕事の段取り、後片付け。すべて地域の人に鍛えてもらいます。

そしてその地域で農地が空いた時に、「あそこの彼ならよくやってくれているからぜひ任せたい」――。そんな感じで話が動き出すような気がするのです。

このような組織で指導をする立場の人は大変だと思います。地域での暮らし、農作業、経営まで指導項目は多岐にわたります。そこの指導者は私にとって先述した二人の師匠みたいな存在です。

耕作する人がいなくなる農地が出るたびに、そういう人材バンク的な組織があって、やる気のある人を地域ぐるみで育て、就農に誘導していければいいのにといつも思っています。

②日々の消費財（例えば木材の利用）

山間地ではいま、鳥獣の被害が増えています。その要因に里山の荒廃があります。昭和三十年ぐらいまではそこら中の草刈りをして肥料にし、カヤはかやぶき屋根の材料に。雑木も薪を作り、それを炭にして販売と、周囲の里山はきれいに管理されていたようです。

今ではどこに行っても放置された杉林。五月になるとあちらこちらで木にまとわりついたフジの花が栄華を誇っています。

そんな里山を管理して、雑木は薪にして、近場の薪ストーブ愛好者に売る。下草は刈って肥料に。そんな仕事は今の二酸化炭素排出量の削減や環境保全にぴったりです。二酸化炭素の取引、カーボン・オフセット事業が進展していけば、「植林」とあわせてそれを「管理・活用」し、より公益性を高めていく視点も見直されてくると思います。

そしてその結果、中山間部の農業に深刻なダメージを与えている鳥獣害に歯止めがかかるかもしれません。

かつて山は薪や炭などの燃料の供給地で結構潤っていたようです。多くの人間を養うだけの現金収入が確保されていたことでしょう。今では山間地でお金になるものはごくわずかです。耕地面積の限られた山間部では、米だけでは養える人数に限りがあります。もっと多くのもの、それも日々使うものが作り出せれば安定した物・金の循環が始まるように思います。

わが家でも子供たちの聞き分けが良くなり、やけどの危険が無くなる年齢になってきました。そろそろ薪ストーブを入れて暖かい冬を送りたいと思っています。

③エネルギー（水や菜種）

先ほどの木材もそうでしたが、山には使われていないエネルギーがたくさんあります。

山間地は水路に落差があります。かつては水車を回していましたが、今はそのエネルギーは使われていません。ちょっとした落差でも発電機を備え付けて地域の人で管理する。その手間は結構大変ですが、あまり大きな装置でなければ、村の人たちで補修管理できるはずです。

それから菜種。現在、農機具は軽油やガソリンなどの化石燃料で動かしています。でも、農村ならば菜種を作り、油を絞ればそれがエネルギー源となります。ディーゼル機械を動かせます。

先進地ではこういった「バイオディーゼル」の取り組みが始まっています。農業者が環境問題で自信を取り戻すためにも、菜種を作ってエネルギーを作り出してみてはどうでしょう。

これらの仕事はどれも地域で循環できて面白そうです。ぜひ取り組んでみたいと思います。

それぞれの地域がその特性を生かせば、仕事はまだまだ見つけられるはずです。「農業＋α」で生活していくことができれば、多くの人がそこで暮らすことができ、多彩なものが生まれる豊かな場所になります。そして、地域が面白くなっていけば、その核となる農業はますます強くなってゆくのです。

天明家が描く農業の未来像

わが家の農場「星の谷ファーム」を今後どうしていきたいか？　どんどん売り上げを伸ばして大きな農場にしたいとは思っていません。ほどほどの大きさで十分です。

日本にはいい言葉があります。「盛者必衰」。この言葉を考えると、「盛者」になって栄えなければ滅びないのです。百姓は日々のささやかな幸せを噛みしめながら栄えずにほどほどの生活を送る。

みんなが一旗揚げようとがむしゃらに都会に出て行ったなれの果てが、現在の農村のような気がします。あらためて自分たちの顔の見える範囲で、地に足のついた経済を作っていくことが必要です。

さて、これからの時代はどんな幸せを目指すべきか？　われら若き百姓が現代の問題に、良い答えを出せるような気がします。

そうはいっても、この場所で農業をやりたいとの思いを持って来てくれる若い人を応援するには、わが農場はまだまだ経営体力不足。もう少し頑張らなければいけないとの思いもあります。

そのためにも自分たちがもっと楽しめる「星の谷ファーム」を作っていきたいと思います。

星の谷ファームが描く未来は…

やはり中心作物は米です。農業を始める時の大きな目的が「米が作りたい」でした。主食である米を一番大切にした農業は安定感があります。

今の星の谷ファームのイネの作付けは、個人でやるには広すぎます。できればもうひと組の若者と田んぼを分け合って経営できればいいと思っています（そのためにはもう少し面積がいるかな…）。農業機械は二軒で共同利用するとコスト低減にもなります。

そして、この稲作もまだ全面積を有機栽培にはできていません。できればいろんな家畜も飼って循環型の有機農業に発展させたい。

煮上がった大豆をつぶして味噌作り。手を加えただけ農産加工品はおいしくなります。この手間ひまこそがぜいたくなのです

ブルーベリーはもっと手を掛けてあげたい。今のところすごく粗放的であまり目が行き届いていません。一本一本にもっと愛情を注げれば成績も上がり、楽しく果樹栽培ができそうです。

加工部門では今のブルーベリーソースの味は完璧！　ブルーベリーの収穫量を増やして多くの人にこの味を楽しんでもらえればと思います。

自家野菜・穀類もいっぱい作りたい。今はまだ限られた物しか作りこなせていないのですが、少量多品目を作って食を豊かに。そのベースになる考えは「医食同源」であり「身土不二」の考え方です。

自分たちが食べたり使ったりする物を当たり前のように作りこなせるようになりたいものです。

ほかにも辺りの山林ももう少し手を入れて、自分たちが散策したり、農場に遊びに来てくれた人も心から落ち着ける山里にしていきたいと思っています。

ゲストハウスもいいですね。旅館みたいなものではなくて、山小屋程度の設備で十分だと思います。遊びに来た人が心からリラックスできる宿泊施設。あればいろんなことができるように思います。とはいっても至れり尽くせりではなくて基本的には自分のことは自分でやってもらう。

今は休みといえば子供と過ごす時間が最優先。接客業はまだまだ先かな…。

そして、そんな私たちの暮らしぶりを気に入った若い後継者が現れてくれるといいと思っています。世襲で農業を継ぐ時代は変わりつつあると思いますが、魅力ある農業経営をしているところにはいい後継者が育っています。

私はといえば、後継者が背中を追っかけてくれるような、魅力的な百姓になるべくまだまだ修業です。

新規就農を目指す皆さんへ

農業は素晴らしい。農村に移り住んでじっくりと根を下ろして生活すると、すごく豊かな心持ちで人生を送れるような気がします。

苦難も当然ありますが、それよりも得られることがたくさんあります。

ただし、農村に来ればすぐに幸せになれるわけではありません。綿密に事前準備をして、移住してからも努力することは必要です。

結果には運不運が大きく影響します。うまくいくこともあればいかないこともあるでしょう。

農村では農業だけではなくて、普段の暮らしぶりも見られています。そこの人とのつきあいは移住した人の心持ちで大きく変わってきます。頑張っていると不運も幸運に変える力が人のつながりから生まれます。

すべてを地域の風習になじませる必要はありません。

でも、地域の風習もそこそこ大事にしながら、しなやかに自分のカラーを出していきましょう。

そのことが自分と地域にきっといい影響を与えます。

農業で暮らしていくのは正直厳しいです。そうでなければこんなに農業者が減るわけがないのです。農業には現代が抱えている矛盾が凝縮されています。

でも真剣に取り組めばきっと多くの「幸」が得られます。

ぜひ一緒に頑張りましょう!

コラム

もう一つの就農物語 ―天明香織さんから見た新規就農―

天明伸浩さんが「農に目覚めた」のは大学三年、一九九一年のこと。この時すでに、後に妻となる香織さんと交際を始めていたという。農業の世界に飛び込む―。ひたむきに夢を追う伸浩さん。やがて農家になることが現実味を帯びてくると、周囲の様相は一変する。

そこには香織さんがたどった全く別の転身物語があった。

◇◆◇

私の実家は伸浩さんと同じサラリーマン。両親と兄、弟の五人家族です。父の実家も母の実家も栃木県で農業を営んでいて、親戚も農家です。伸浩さんよりはずっと農業が身近な存在でした。

宇都宮大学の教育学部を出て、将来は教員になるつもりでした。でも、学生のころから心の片隅に引っ掛かるものがあったんです。大きな組織の中で複雑な人間関係に自分を合わせていく。自分を押し殺して流れに身を任せるより、自分で道を切り開いていきたい――。そういう思いがありました。だからこそ伸浩さんと出会ったのかもしれません。

付き合い始めのころ、伸浩さんから手紙をもらいました。今でも大切に持っています。そこにはこう書いてありました。

「日本の農業についてもっと勉強して自分なりの考えを持ちたい」

この手紙だけでなく、伸浩さんはその後、何度も何度も自分の〝夢と思い〟を私に語ってくれました。だから私も自然と農業を意識するようになっていきました。私の場合は小さいころから農業が身近だったので、すんなり自分の将来像に農業が加わっていったように感じます。

大学卒業後、私たちは別の大学院に進みました。東京農工大の大学院に進学した伸浩さんは、イネの研究と並行して、全国各地の農場見学など現場研修に積極的に出掛けていました。「自分の信念に基づいて、この人はやっぱり農業の道へ行くんだな」。私は少しでも支えになればと思い、田舎で仕事になるような資格を取ろうと準備を始めました。

■すれ違う親子の思い

就農活動が進むに連れて、伸浩さんからは「どうやら農業法人への就職が現実的な選択」と聞かされていました。ところが大学院二年の秋、突然「専業農家」への転身が告げられたのです。これはさすがにビックリ！　それでも準備をコツコツと進めてきたので心が揺らぐことはありませんでした。

しかし、私たちの「両親」は違いました。

伸浩さんのお母さんも農家出身だし、私に至っては父、母ともに農家出身。猛烈に反対されました。自分たちが農家で育って苦労してきたから当然ですよね。頭ごなしに言われました。「おまえ、農家に嫁ぐってのは、どんな苦労か分かっているのか!!」

就農を目前に控えた春、幸い伸浩さんのご両親は私たちを応援してくれるまでになりました。しかし、依然として私の両親には納得してもらえないまま。それどころか「香織はどうせ音を上げて実家に戻ってくるだろう」。そう考えていたみたいです。このころが私にとって一番つらかった。両親に理解してもらえず、すれ違いが続きました。このまま親子の関係が断絶するんじゃないか…。そう思うと、不安で孤独でした。

私の両親が本当に私たちのことを理解してくれたのは、長女のなぎさが生まれてからかもしれません。川谷に来て三年目、私たちの独立記念パーティーがあったのですが、その時ですら父は「やめさせたい」と人にもらしていたといいます。その両親も四年目の秋、なぎさの誕生を機に変わっていきました。

今だから分かるのですが、両親からすれば私たちの身を案じての猛反対でした。わが子を思う親の気持ち—。子を持つ身になって、今はありがとうと素直に言えます。

■〝大変さ〟が教えてくれる

山間の農村での暮らしは楽ではありません。しかし、楽ではないからといって、苦しいわけでもありません。大変ですが楽しいのです。

例えば家。わが家は築六十年以上の古民家ですから、よく見てこまめに修理していかなければなりません。屋根のカヤは大丈夫か、土台は大丈夫か、自分たちで一つずつ確かめていきます。すると新たな〝発見〟があるのです。それは生活の中で培われてきた「先人たちの知恵」。この厳しい自然の中で人が暮らしを成り立たせていくには、何が必要なのか——。日常生活の中でそれがベールをはぐように現れてくるんです。

皆さんからは「大変な生活ですね」ってよく言われます。本当にその通り。でも、大変さを味わうことで「感謝の気持ち」が自然と出てくるようになりました。こんな吹雪の日でも頑張って通園・通学をしている娘たちにありがとう。送り迎えのバスの運転手さんにありがとう。お世話をしてくれる先生や集落のおばあちゃん方にありがとう。日々、感謝の気持ちでいっぱいです。川谷に来るまで、これほど感謝をして生きてきたでしょうか。自分の生き方が大きく変わったことを実感しています。

ここでの暮らしは、人間は一人では生きていけないことを教えてくれました。いま私たちの家族は〝地域〟によって生かされています。その一方で一軒、また一軒とムラの灯りが消えています。日本の多くのムラがこの川谷と同じ現実に直面していることでしょう。だからこそ、当事者として模索し続けなければなりません。次の世代にムラを残すために何ができるかを。

「みんなの笑顔がエネルギーのもと。娘たちの成長が楽しみ」と笑う香織さん

新潟日報夕刊連載

「星降る山里から　上越発Iターン農家日記」

二〇〇八年の十月十五日から「新潟日報」の夕刊でコラムを連載しています。今はだいたい月二回のペースで執筆しており、掲載回数も三十回を超えました。ここではその中から二話を紹介します。

◆若者定着へ行政支援を（二〇〇八年十一月五日）

晩秋の日暮れは早く、午後五時すぎになると、尾神岳（七五七メートル）を仰ぐ川谷集落は真っ暗になり、家の明かりが温かく感じられます。ちょうどそのころ、吉川区の中心部にある吉川小学校から約四十分かけて、曲がりくねった山道を走ってきたマイクロバスが川谷に到着します。バスは旧町時代から、行政が運行している「地域バス」。このバスで小学四年の長女なぎさが帰ってきます。

学校が遠い山里で百姓暮らしを始める時に心配だったのは、農業をやっていけるかどうかよりも、子供を育てていけるかどうかが問題でした。「まだ子供ができる前だったのに」と笑われそうですが、この地でずっと暮らしていこうとしていた私にとって、とても大きな問題でした。

吉川区の一番奥にある川谷集落は、民間の路線バスが走っていないなど交通の便がよくありません。そんな事情から、ここでは子供が高校生になると、上越市高田地区など市街地に下宿させていたそうです。同じ区内にあった旧県立吉川高校への通学でさえ、冬場は川谷の自宅から通うことが難しい時代もありました。そんな苦労を自分の子供にさせたくないとの思いで、街場に引っ越した人もいます。

学校ばかりでなく、病院も遠距離にあるため、私たちの子育てもハラハラさせられるスタートでした。妻が産気づいた時、病院までカーブとアップダウンのある道を車で一時間も走りました。車中で揺さぶられた妻は、病院に到着すると同時に分娩台に上がりました。

いろいろ苦労をしながらも、最近は「ここでの子育てもいいよ」と大きな声で言

午前7時15分発の地域バスに乗り込む長女なぎさ。地域バスは川谷のお年寄りや子供が、通院や通学に利用する大切な交通手段になっています

えるようになってきました。農業で稼ぐことだけ考えれば、街に住み、通いでコメ作りをすることもできたのでしょう。でも棚田が広がる山村で暮らし、農家を営むことで得られる経験は、掛け替えのないものです。その素晴らしさは、家族そろって暮らしているからこそ子供に伝えられる気がします。

私たち夫婦がIターンで就農してから十四年、集落から七軒の家がなくなり、十二軒になりました。近くにあった農協のガソリンスタンドは閉店し、市町村合併で役場がなくなるなど、かつて山間地を支えてきた各機関が合理化で機能を低下させています。

それでも私はここでの暮らしを気に入った若者に住んでもらいたいと思っています。そのためにも自分たちの農業や暮らしをもっと魅力あるものにしなければならないと思っています。

また、生活に必要な通学バスの運行や除雪の維持などは切実な問題です。せっかくこの地に若い世代が住もうとしても、生活に必要な行政サービスがしっかりしていなければ、暮らしていけなくなってしまうのです。

◆若い世代の定住を期待（二〇〇九年四月二十二日）

川谷集落の「春祭り」が十六日に行われました。前日掃除をしてきれいになった熊野三社のお宮に集まったのは十四人。私が移り住んだ十五年前の半分くらいの人数です。お宮は集落はずれの高台にあるので、お年寄りなど集まれない人もいます。昨年はご夫婦で参加していても今回は集落を下りて欠席という世帯もあります。常連の顔がなくなるのは寂しいものです。

一方、新顔の参加もありました。わが家の農場「星の谷ファーム」で農作業の体験をしている埼玉県出身の生井一広さんが参加してくれました。生井さんは妙高市にあるアウトドアの専門学校で自然環境教育を三年間勉強していました。学んでいるうちに新潟の里山の自然が気に入って、「山村で暮らしたい」との思いを強くしたそうです。

ネットで私の農場のホームページを見つけて訪ねてきたのは昨年の秋。私たち家族の暮らしぶりなどを見て、この春から研修を決めました。ハウス立て、種まきなどの農作業、山菜採りも一緒に始めています。村の暮らしも体験してもらうためにお宮掃除や、春祭りも参加してもらいました。

「星の谷ファーム」には、ここ数年若い人に農作業の手伝いをお願いしながら山村での暮らしを経験してもらっています。来る人の目的や思いに合わせて体験してもらう内容を変えています。

「米を作ってみたい」「農業を職業としてやってみたい」「山村で暮らしたい」——など。思いはそれぞれあります。そんな思いをすべてかなえてあげられるわけではありませんが、若者たちは米の収穫が終わる秋まで、川谷で頑張ってくれました。

塩水を使って種もみの選別作業に当たる生井さん。農業や自然観察など、川谷での生活を1年間満喫できることを願っています

農作業のつらさや、都会とは違う暮らしぶりに戸惑うこともあったことと思います。

山里での暮らしは米などの農産物だけ作ればそれでいいというわけではありません。集落の風習にも慣れなければいけません。その半面、従来の視点や価値観だけでは、若い世代が暮らせない現実があります。

不便な山間地を出て都会で暮らすという、大きな「人の流れ」は今でも続いています。そんな中、山村での暮らしに興味を持って長期間滞在してくれる若者には感謝しています。私の力不足もあって、いまだに定住する若者は現れません。

興味の対象や癒やしの場としてではなく、家を構え子供を育て「暮らしの場にする」。そんな強い意志を持って移り住む人が現れることを期待しています。

資料編①

セルフチェック「農のある暮らしを始めたい。ホントに私は就農できる？」

田舎に定住し、農地を取得、農業を本格的に始めたい―。ここでは、そのための準備がどれぐらい進んでいるか、セルフチェックを行ってみましょう。

次の各番号の項目で、チェックの付いた数をグラフに当てはめてください。グラフが正五角形に近く、外に広がるほど準備が進んでいることを示しています。

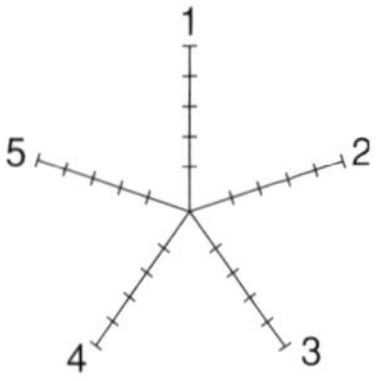

1「農のある暮らし」に対する適性

- □ 健康・体力には自信がある。
- □ 動植物などの生き物が好きだ。
- □ 他人との付き合いは苦にならない。
- □ オフィスでの事務作業よりも野外で体を動かすことが好きだ。
- □ 忍耐力には自信がある。

2「農のある暮らし」についての意欲、動機、知識

- □ 田舎に定住し、生活することを目指している。
- □ 田舎暮らしをした人に会ったり、体験談を聞いたりしたことがある。
- □ 家族と一緒に生活や仕事がしたい。
- □ 田舎暮らしは医療機関や買い物など、都会と比べて不便なことがあることを知っている。
- □ 田舎には独自の文化や生活習慣があり、それにとけ込む努力が必要であることを知っている。

3「農のある暮らし」の事前準備

- □ 田舎暮らしに関する情報収集に力を入れている。
- □ 田舎でどんな生活をするか、構想が固まっている。
- □ どこで田舎暮らしをするか、候補地が決まっている。
- □ 実際の田舎暮らしまでのプログラムはおおよそ理解している。
- □ 家族が田舎暮らしに同意している。

4「農のある暮らし」の準備状況

- □ これまでに何回か田舎暮らしや農作業体験があり、知識と技術がある程度身に付いている。
- □ 田舎暮らしの候補地で、親身になって面倒を見てくれる世話役的な人がいる。
- □ 農地を借りる、または購入する際に、農地法の要件をクリアする必要があることを知っている。
- □ 田舎暮らしの経費や収入のめどがついている。
- □ 市町村などの関係機関との話し合いができている。

5「農のある暮らし」の最終チェック

- □ 当面の生活資金（２～３年分）を用意している。
- □ 農業以外に本人や家族に収入を得る手立てがある。
- □ 有機栽培や無農薬栽培などは初心者には難しいことを知っている。
- □ 山間部では雪下ろしなど、住む地域によって農業とは別の労力と経費がかかることを知っている。
- □ 田舎暮らしでは地域とのコミュニケーションや共同作業、地域での役割を求められることを知っている。

就農イメージと対応方向

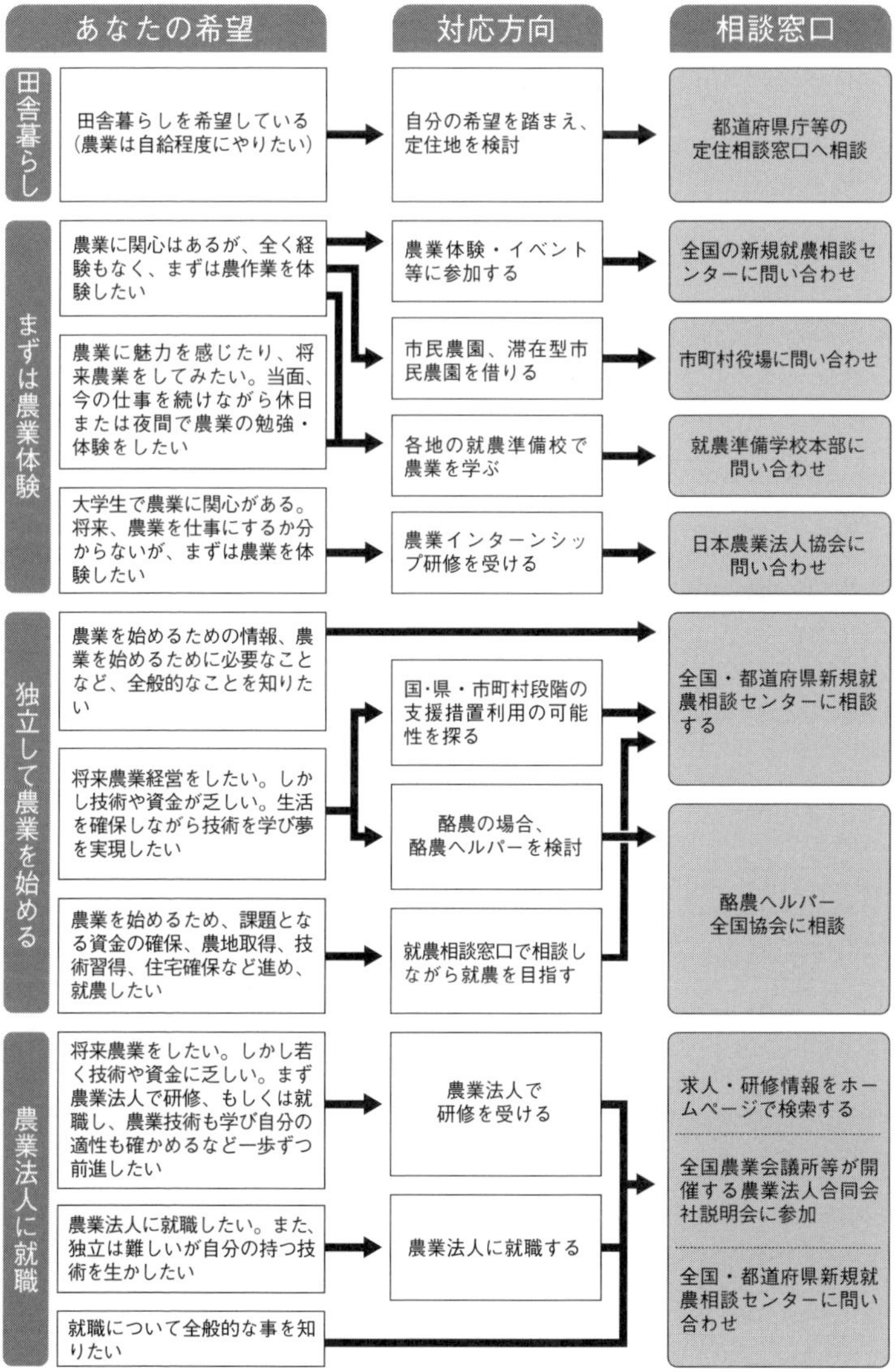
あなたの希望
対応方向
相談窓口
田舎暮らし
田舎暮らしを希望している（農業は自給程度にやりたい）
自分の希望を踏まえ、定住地を検討
都道府県庁等の定住相談窓口へ相談
まずは農業体験
農業に関心はあるが、全く経験もなく、まずは農作業を体験したい
農業に魅力を感じたり、将来農業をしてみたい。当面、今の仕事を続けながら休日または夜間で農業の勉強・体験をしたい
大学生で農業に関心がある。将来、農業を仕事にするか分からないが、まずは農業を体験したい
農業体験・イベント等に参加する
市民農園、滞在型市民農園を借りる
各地の就農準備校で農業を学ぶ
農業インターンシップ研修を受ける
全国の新規就農相談センターに問い合わせ
市町村役場に問い合わせ
就農準備学校本部に問い合わせ
日本農業法人協会に問い合わせ
独立して農業を始める
農業を始めるための情報、農業を始めるために必要なことなど、全般的なことを知りたい
将来農業経営をしたい。しかし技術や資金が乏しい。生活を確保しながら技術を学び夢を実現したい
農業を始めるため、課題となる資金の確保、農地取得、技術習得、住宅確保など進め、就農したい
国・県・市町村段階の支援措置利用の可能性を探る
酪農の場合、酪農ヘルパーを検討
就農相談窓口で相談しながら就農を目指す
全国・都道府県新規就農相談センターに相談する
酪農ヘルパー全国協会に相談
農業法人に就職
将来農業をしたい。しかし若く技術や資金に乏しい。まず農業法人で研修、もしくは就職し、農業技術も学び自分の適性も確かめるなど一歩ずつ前進したい
農業法人に就職したい。また、独立は難しいが自分の持つ技術を生かしたい
就職について全般的な事を知りたい
農業法人で研修を受ける
農業法人に就職する
求人・研修情報をホームページで検索する
全国農業会議所等が開催する農業法人合同会社説明会に参加
全国・都道府県新規就農相談センターに問い合わせ

出典：全国新規就農相談センター資料

就農までの一般的な流れ

◆STEP 1：情報収集（本、インターネット、ファーマーズフェア、就農相談など）

就農に必要な情報・知識を十分収集しよう！

→農業を始めるためには何が必要かなど、就農に関する全般的なことを知りたい場合は、全国、都道府県新規就農相談センターなどの相談窓口を訪ねましょう。農業体験やイベントなどの情報は、こうした窓口が開設しているホームページでも収集できます。

→全国農業会議所主催の「新・農業人フェア」など、ファーマーズフェアへ参加しましょう。新規就農者や農業法人就職者による事例発表もあります。できるだけ多くの“実例”に触れましょう。

◆STEP 2：農業体験・現場見学（農業体験研修、農業ボランティア、就農準備校など）

独立就農か、農業法人への就職か。自分のやりたい農業のイメージを固めていこう！

→時間をかけてできるだけ多くの地域、事例を見て回りましょう。各地の気候風土を肌で感じ、さまざまな作物と触れ合いましょう。

→「市民農園」など自分にできる範囲で栽培に挑戦を！意外なところに自分と野菜との“相性”があり、「何を作りたいか」を考える上で役に立つはずです。

◆STEP 3：就農予定地の選定

「どこで、何を、どう作るのか」を明確に！

→独立就農を目指す場合、「作目」や「栽培方法」「単一経営や複合経営といった経営タイプ」など自分のビジョンをより明確にし、作目に適した就農候補地を慎重に検討しましょう。

→就農候補地にできるだけ足を運び、研修先の情報や農業経営の環境、生活環境などを自分の目で確かめていきます。就農候補地の絞り込みには、都道府県や市町村によって異なる“支援措置”も判断材料として加え、就農予定地を決定しましょう。

◆STEP 4：資金の準備

新規就農者が用意した自己資金の平均は、生活資金とあわせ約850万円!!

→これから始まる「研修期間の生活費」、目指す農業経営に必要な「営農資金」、所得が安定するまでの「生活資金」を確保していきましょう。2006年の全国新規就農相談センターの調査によると、全国の新規就農者が用意した自己資金の平均は「生活資金とあわせ859万円」。しかし、就農１年目に実際にかかった費用は「営農面だけでも875万円」という結果が出ています。

◆STEP 5：住宅の確保

住宅は農地と同一の市町村（地域）で！

→就農予定地が決まったら、生活の拠点を探さなければなりません。家族の生活条件を考慮した上で、地域住民と良好な関係を築くため、農地と同一の市町村（地域）で確保するのがいいでしょう。

→空き家を借りる場合は、修繕費は借り主負担となることが多いので、よく納得した上で借りなければなりません。

◆STEP 6：就農計画の作成～農業技術の習得

十分な研修が不可欠。経営の裏づけとなる農業技術を習得しよう！

→栽培技術・経営管理技術の習得計画、作目ごとの経営収支計画、農地の取得計画、機械・施設等の導入計画、販売計画、資金の調達計画など、自分の資金力・技術力を考慮しながら、無理のない就農計画を作成しましょう。就農予定地の農業の現状をよく理解し、実現性の高い計画を立てましょう。

→農業を専門的に学ぶ場としては、道府県立農業大学校や農業の専門学校・専修学校がありますが、就農予定地において、より実践的な研修を積むことが非常に重要です。自分の始めようとする作目を経営している農家や農業法人で２～３年の研修を受けましょう。研修先の農家や農業法人の皆さんは、いろいろと相談にのってもらえる「師匠」です。師匠が側にいることは、今後の営農で非常に大きな支えとなります。

◆STEP 7：農地や施設・機械の取得

農地は“借りる”が主流。無理のない投資を！

→日本の農地は「農地法」によって勝手に売買できないことになっています。勝手に貸し借りすることもできません。市町村の農業委員会の手続き・許可が必要となります。

→農地の売買・貸借には「この人になら任せても大丈夫」という“信用”が欠かせません。いきなり農地の確保を目指すのではなく、就農予定地に住居を移し、農家や農業法人で営農のノウハウを学びながら、地域の信頼を得ていくことが近道の場合もあります。

◆STEP 8：就農

いよいよ経営開始！１日でも早く経営が安定するよう頑張りましょう!!

→農業で成功するかどうかは「人間関係」。農業は１人ではできません。地域の農家や住民との信頼関係をいかに構築するかが鍵です。

2010年1月、東京・池袋で行われた「新・農業人フェア」。各県の新規就農相談センターなどがブースを設置、就農相談や求人情報を提供してくれます

新規就農者（新規参入者）の就農実態に関する調査結果
（全国新規就農相談センター：2006年度調査より抜粋）

就農時に苦労したこと（複数回答）

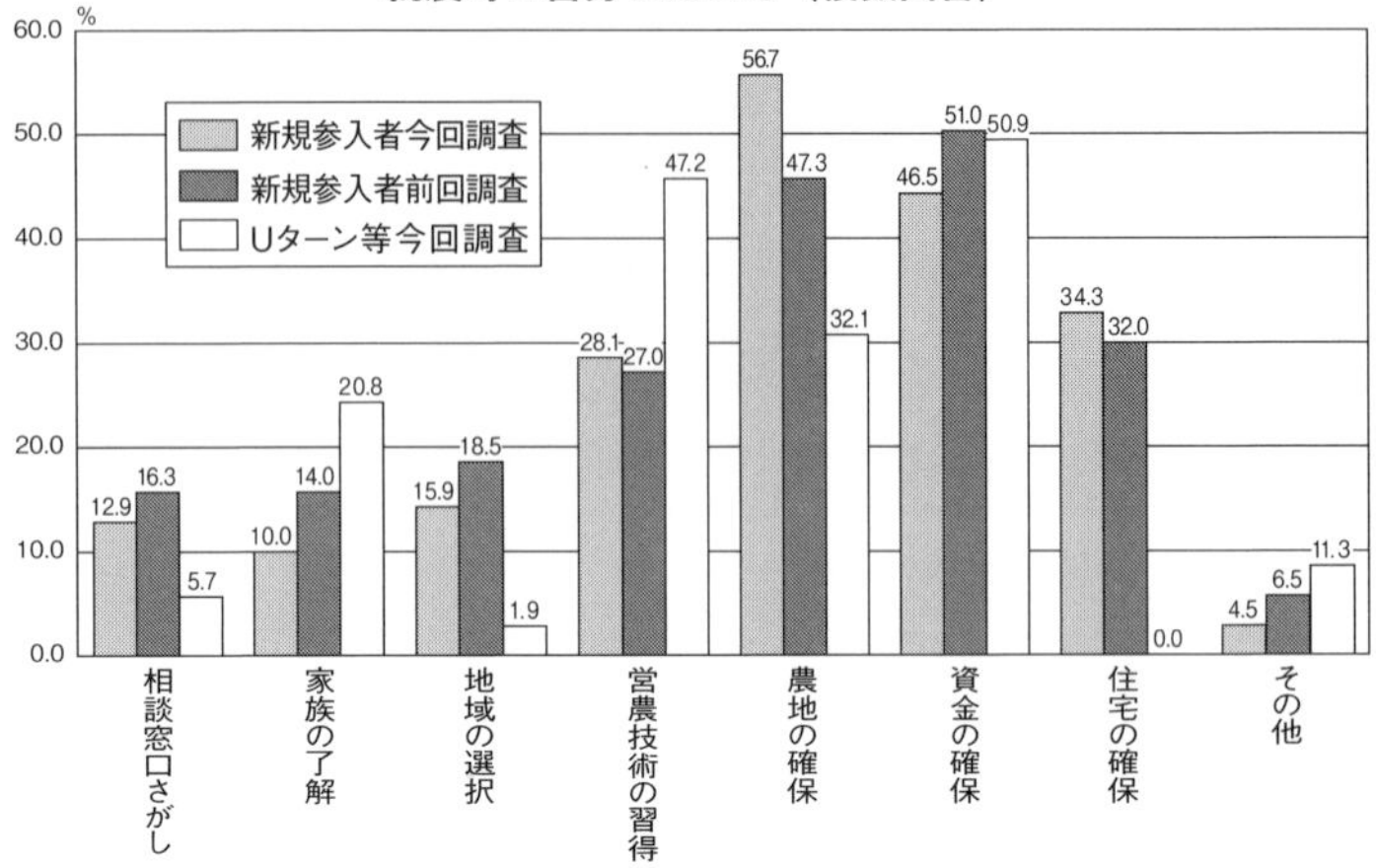

就農1年目の平均費用と自己資金

（単位：万円）

		営農面					生活面	就農1年目農産物売上高
		機械施設資金 A	営農資金 B	費用合計 A＋B	自己資金 C	差額 C－(A＋B)	自己資金	
新規参入者・計		655	220	875	538	－337	321	432
就農経過年	1・2年目	916	186	1,102	530	－572	247	257
	3・4年目	672	292	964	558	－406	317	609
	5年目以上	615	190	805	529	－276	354	359
就農時年齢	29歳以下	539	199	738	301	－437	206	394
	30～39歳	673	243	916	453	－463	285	469
	40～49歳	673	202	875	658	－217	403	441
	50～59歳	669	208	877	867	－10	461	381
	60歳以上	444	112	556	900	344	510	150
経営中心作目	水稲	573	116	689	492	－197	254	229
	麦・豆類等	500	97	597	360	－237	80	218
	露地野菜	343	124	467	394	－73	237	231
	施設野菜	654	164	818	512	－306	283	334
	花き・花木	957	281	1,238	533	－705	287	400
	工芸作物	885	320	1,205	631	－574	215	613
	果樹	364	86	450	370	－80	324	151
	その他作物	250	110	360	410	50	270	450
	酪農	1,370	584	1,954	534	－1,420	225	1,095
	肉用牛繁殖	535	378	913	2,000	1,087	225	－
	採卵鶏	1,150	160	1,310	363	－947	225	625
	ブロイラー	600	300	900	600	－300	200	325
	養豚	2,250	5,500	7,750	300	－7,450	－	－
Uターン等・計		899	201	1,100	762	－338	361	576
新規学卒者・計		725	300	1,025	375	－650	150	1,633

新規参入者

新規就農者のうち、農家子弟などを除く、まったくゼロから農業を始めた人

就農経過年別および現在の販売金額階層別構成と平均販売額

(単位：%、万円)

		販売なし	100万円未満	100〜500万円	500〜1000万円	1000万円以上	2000万円以上	平均販売額 万円
新規参入者・計		1.2	12.2	38.7	25.4	22.5	8.5	797
就農経過年	1・2年目	2.6	23.7	50.0	13.2	10.5	3.9	415
	3・4年目	1.6	11.8	37.8	26.8	22.0	11.8	817
	5年目以上	0.4	8.5	35.4	28.7	26.9	8.1	915
現在の中心作目(おもなもの)	水稲	3.3	26.7	26.7	20.0	23.3	3.3	511
	露地野菜	0.0	24.3	49.6	15.7	10.4	0.9	360
	施設野菜	0.0	6.3	41.7	35.4	16.5	0.8	672
	花き・花木	0.0	2.0	28.0	32.0	38.0	12.0	722
	工芸作物	0.0	0.0	7.1	57.1	35.7	21.4	1,143
	果樹	8.5	12.8	48.9	23.4	6.4	2.1	336
	酪農	0.0	0.0	0.0	5.3	94.7	89.5	2,741
	採卵鶏	0.0	20.0	40.0	20.0	20.0	0.0	800

就農時の資金借り入れの状況

(単位：%)

		資金を借り入れた	資金の借り入れ先		
			資金制度	その他資金	その他
新規参入者・計		66.3	90.8	5.5	3.7
就農経過年	1・2年目	58.2	82.5	12.3	5.3
	3・4年目	72.1	90.6	5.7	3.7
	5年目以上	66.1	93.8	3.1	3.1
就農時年齢	29歳以下	68.9	88.7	6.5	4.8
	30〜39歳	69.4	92.6	3.1	4.3
	40〜49歳	70.1	95.1	4.9	−
	50歳以上	50.0	79.5	15.4	5.1
Uターン等・計		60.4	93.8	6.3	−

住宅の確保状況

(単位：%)

		合計	農家の空き家を借りた	農家の空き家を買った	公営賃貸住宅を借りた	民間賃貸住宅を借りた	新築した	その他・不明
新規参入者・計		100.0	25.1	13.1	15.7	17.3	6.7	22.6
就農経過年	1・2年目	100.0	19.4	14.3	15.3	23.5	7.1	20.4
	3・4年目	100.0	23.8	22.4	10.2	14.3	4.8	22.4
	5年目以上	100.0	28.2	6.9	19.2	16.7	6.5	21.2
就農時年齢	29歳以下	100.0	35.6	11.1	15.6	15.6	3.3	15.6
	30〜39歳	100.0	29.8	12.8	18.3	16.2	3.0	20.0
	40〜49歳	100.0	17.2	11.5	17.2	23.0	10.3	19.5
	50歳以上	100.0	7.7	17.9	6.4	16.7	14.1	37.2

「全国農業新聞」より

意外と知られていない「農地」
その歴史・現状・機能や再生の道を見る

二〇〇九年末、農地法体系の確立以降最大の改革が行われた農地だが、その素顔は意外と知られていない。食糧生産の基盤であり、環境保全などさまざまな効用を生むその存在は、今後ますます重要性を増す。遊休化に歯止めをかけ、ダイナミックに再生への道を歩む取り組み事例とともに、日本の農地の今を見る。

歴史　1961年に面積最大609万ヘクタール　現在は明治中期を下回る

日本の農地は、大化の改新後の七百年ごろには推定人口からみて七十五万〜九十万町歩、荘園制が広まった九〇〇年ごろには百八万町歩に拡大。守護領国制の一四〇〇年代には百十万〜百三十万町歩で推移した。

戦国時代を経て織田・豊臣政権の一五九〇年ごろには百六十五万町歩程度に増加、

人口と農地面積の推移

（全国農業会議所刊『日本の農地ー所有と制度の略史ー』ほかから作成）

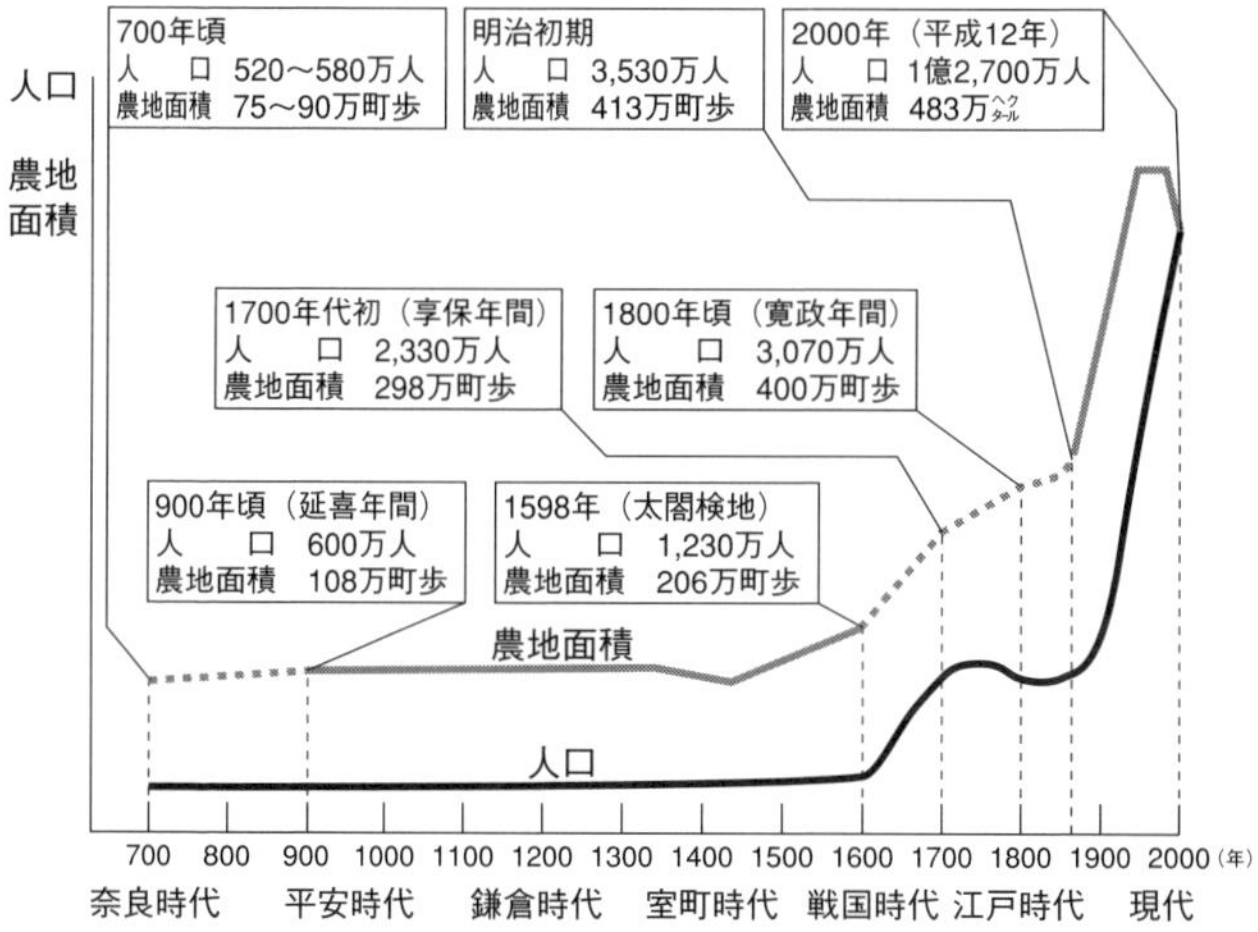

太閤検地（一五九八年）時には二百六万町歩に達した。江戸中期の一七三〇年には三百万町歩、幕府崩壊・明治維新後の一八七四年には四百十三万町歩。地主制が確立した明治中期には五百三万町歩と現在の農地面積を上回った。

　第二次大戦前はおおむね六百万ヘクタールで推移、戦後の一九六一年には六百九万ヘクタールと最大となった。その後は転用などで減少の一途をたどり、二〇〇九年にはピーク時の七割相当の四百六十一万ヘクタールにまで減少した。

日本と諸外国の比較

	日本	ドイツ	イギリス	フランス	アメリカ
農家当たり農地面積（ヘクタール/戸）	1.6	43.6	59.1	52.4	198.6
農地面積（万ヘクタール）	461	1,700	1,696	2,969	41,690
農業就業人口（万人）	290	39	29	57	210
（参考）食料自給率（％）	41	84	70	122	128

現状　利用率減り放棄地は増　背景に労働力減少と高齢化

南北に細く連なる列島で大きな河川の平野には穀倉地帯が広がるが、急峻《きゅうしゅん》な山岳地帯が多く、国土面積に占める耕地の比率は一二・四％。一方、林野率は六七％と世界有数の高さにある。人口が多い割に国土が狭く、農家当たりの農地面積は欧米諸国や豪州と比べ非常に小さい。

課題は、農業労働力の減少・高齢化を背景とした耕地利用率の低下と耕作放棄地の増大だ。前者は五六年の一三八％をピークに減り続け、〇七年は九三％と一〇〇％を割る状態が続く。後者は七五年の十三万一千ヘクタールから〇五年には三倍の三十八万六千ヘクタールに達した。埼玉県の面積に匹敵する。

現在、区画整備済み水田（三十アール以上）は六一％、末端農道の整備が済んだ畑の比率も七三％に達する。基盤整備は耕作放棄地の発生を未然に防ぐと同時に、担い手への利用集積や耕地利用率向上の面でも高い効果を発揮している。

機能　多面的機能5兆8258億円　米の生産能力は1200万トンにも

食料生産の基盤としての機能が第一で、農業粗生産額九・七兆円（〇六年度）を支える。六割近くを占める水田は米一千二百万トンを生産する能力を持つ。最近はバイオ燃料などエネルギー資源の生産でも注目され、世界レベルで農地の争奪戦も始まっている。

水田といえば、豊かに水をたたえた様は日本人の原風景だが、同時に洪水や土砂崩壊、土壌浸食防止の働きを併せ持ち、川の流れを安定させ、地下水を涵養《かんよう》する機能も備える。〇一年の日本学術会議答申によれば、こうした農地の多面的機能は、貨幣換算で五兆八千二百五十八億円に達する。

最近では地球温暖化の原因とされる二酸化炭素（CO_2）吸収源としての働きに注目。農地に稲ワラや堆肥を投入すると一部は分解されてCO_2が発生するが、残りは分解しにくい腐食物質に変わり、炭素が長期間固定される。農水省試算では、京都議定書第一約束期間（〇八～一二年）の削減目標の一〇・七％を担える。
環境面ではこのほか、耕作放棄地に太陽光発電パネルを設置するなどのアイデアもある。

【全国農業新聞　二〇一〇年一月一日付】

※おことわり　本書掲載にあたっては、「再生」の項を割愛しました。

廃れる農地

県内耕作放棄の現状

□上□

耕作放棄地が全国で広がっている。農林水産省が初めて実施した農地の実態調査では、森林・原野化するなど荒廃が急速に進んでいる現状が明らかになった。県内では、高齢化が進む中山間地だけでなく、耕作条件が比較的良いとされる平場でも耕作放棄が増加している。現場を歩き、今後の課題を探った。

手間多く収入不安定

若者離れ 過疎化止まらず

中山間地

山形県境が迫る村上市大毎《おおごと》地区。集落の中心部から車で30分足らず、標高400㍍ほどの道路沿いに杉林がうっそうと茂る。

「ここも田んぼだったんですよ」。同地区総代の佐藤勝敏さん(68)が指さすその先に、階段状の斜面がある。1960年代まで耕作されていた棚田の名残という。

吉祥岳のふもとからわき出る吉祥清水を使って表培された同地区の「大毎米」は、昔から高い評価を受けてきた。地元の酒造会社の原料米も作っている。この良質米産地でも耕作放棄地が広がっている。

農林水産省が4月に発表した実態調査では、現状で耕作に使えない農地は全国で計28万4000㌶以上と推計された。県内は約3800㌶を超し、聖籠町の面積に匹敵する。

山道を踏みしめる佐藤さんは「子どものころはこの辺りまで手伝いにきていたものだ」と懐かしむ。コメの減反制度が本格的に始まると、集落から遠く、条件の悪い田んぼから放棄が始まった。

「手間がかかる割に収入が安定しない。若者が農業を辞めて首都圏に出て行くようになった」。

杉林と化した棚田跡。階段状の斜面がかろうじて田んぼの面影を残す＝村上市大毎

農業をあきらめた持ち主たちは、林業に転向しようと杉を植えた。周辺の杉は30～40年前に植えられたものだという。

機械化も進み、機械の入らない山間地の狭い土地は廃れていった。佐藤さんは「野菜を栽培してみたこともあったが、猿害が続き、みな断念した」と話す。

農業を主体としてきた同地区の人口は、1965年ころの約800人から現在は450人ほどほぼ半減。65歳以上が40%を占める。一人暮らしや高齢の夫婦だけの世帯も少なくない。

佐藤さんは「農業だけではやっていけない。うちは瓦屋との兼業だから、息子に継いでもらえそうだが…」と静かに語る。同地区の耕作面積は約60㌶と、10年前に比べ10㌶減った。集落へと下っていくと、田んぼ一面を草が覆っていた。すぐ隣には手入れされた水田が太陽を浴び、土の色が映えて見えた。

国は優良農地の保全と、再生可能な耕作放棄地の復元を目指そうとしている。同地区など県北地域の実情を知るJAにいがた岩船山北支店の佐藤均運営委員長(60)は「中山間地向けの補助金があるからまだ持ちこたえているが、高齢化が進み、これからどうなるか。いまはこれ以上放棄地を増やさないようにするので手いっぱいだ」とつぶやいた。

〈メモ〉5年に1度の農林業センサス調査によると、2005年の県内耕作放棄地面積は9179㌶。1995年の6066㌶から3000㌶以上増加した。経営耕地面積に対する割合も3・5%から5・9%に上昇。全国でも95年の24万4314㌶から05年は38万5791㌶に増加した。センサスは農家の自己申告に基づく。農林水産省が4月に発表した初の実態調査では、現状で耕作に使えない農地は全国で約28万4000㌶と推計、うち約13万5000㌶で森林・原野化が進み、復元が実質的に不可能とされた。

新潟日報　2009年6月11日

廃れる農地

県内耕作放棄の現状

□中□

都市近郊

作物低価格化が打撃

駐車場転用などの違反も

耕作放棄地は、平場にも広がっている。「田園型政令指定都市」をうたう新潟市の西蒲区越前浜地区。日本海に洗われた砂地を耕したスイカ畑が見渡せる。しかし、販売価格の下落や担い手の高齢化で、15～20年ほど前から耕作放棄が広がり始めた。

スイカが最盛期を迎えようとしているが、雑草が覆い、荒れ果てた区画も目立つ。使われなくなったパイプ状のかん水設備が横たわっていた。同区農業委員会などの昨年の調査によると、同地区の耕作放棄地は25㌶に上る。

「昔は人気のある土地で、空いたらすぐに次の耕作者が来たものだが」というのはJA越後中央の山賀清一・園芸農産課長。かん水設備が比較的早く整備され、サトイモなども作られていた。

主産物のスイカは、1994年には年間7億円の販売高を誇った。しかしバブル崩壊で景気が後退すると、消費者が低価格を求める傾向が広がり、値段は徐々に下落した。高齢化とも相まって、やめる人が続出。2008年の販売高は約3億円に減少した。

スイカに水まきをしていた同所の男性(62)は「昔は一面にスイカ畑が広がっていた。高齢でやめた人の土地を管理する人はいない。うちで面倒を見ようと思っても妻と2人だけだから自分の所有地だけで手いっぱいだ」と淡々と話す。

砂地を生かしたスイカなどの栽培が盛んな新潟市西蒲区の越前浜地区でも、耕作放棄地が広がっている

近くで草刈りをしていた60代女性は「畑作は年を取るときつくて。値段が安く利益も出ないしね。息子に継いでもらおうとも思わないよ。10年後には放棄地になっているかもね」とあきらめの表情だ。

同区農業委員会によると、越前浜の耕作放棄地の所有権は入り組んでおり、所在不明の地主もいるという。

JAの山賀課長は「優良農地にしなければ担い手は来ない。ほ場整備や防風対策などが必要だが、それも所有者との話し合いなしにはできない」と悩む。

新潟市郊外では、農地の違反転用も目立つ。市全体の農地の転用はここ10年減少しているが、違反転用は約10㌶でほぼ横ばい。

市全体の現状を取りまとめている市中央農業委員会によると「パトロールで解消しても、毎年新たに発生するからなかなか減少しない」という。

事業所向け駐車場とする例も多く、同委員会は「米価が下がっている中、借地料は安定した収入になり、魅力的なのだろう」と指摘する。都市近郊ならではの事情も重なって、食料を生み出す農地が細りつつある。

〈メモ〉新潟市の耕地面積は3万4100㌶。このうち稲作が2万9500㌶を占め、南区、西蒲区などで盛ん。畑作ではトマト、キュウリ、枝豆などが栽培されている。基幹的農業従事者数は約1万6000人。

農林業センサスによると、2005年の同市の耕作放棄地は785㌶で1995年の155㌶から600㌶以上増加、5倍に増えた。経営耕地面積に対する割合は0・5%から2・5%に上昇している。

新潟日報　2009年6月12日

廃れる農地

県内耕作放棄の現状

□下□

対策

山菜に着目 特産化へ

地域一体の活動が不可欠

増え続ける耕作放棄地。住民の取り組みを端緒に、地域ぐるみで対策を進めている例もある。面積の9割を山林が占める阿賀町では、新たな特産品にしようとワラビの栽培に取り組んでいる。

町中心部から車で40分ほどの馬取地区(鹿瀬)の専業農家・武藤惣栄さん(78)が11年前、地区内の離農の増加を憂い、離農者の田んぼ20㌃を借り受けて始めた。山に囲まれている環境を生かし、山菜に着目。栽培のしやすさや販売需要などからたどり着いたのがワラビだった。

武藤さんは「一度植えればそのまま根付き、細かい作業がいらないため高齢者でも負担が少ない」と理由を語る。

同町や県新津農業普及指導センター津川分室の協力も受けて2007年からは全町で集落ごとに説明会を開催して参加を呼び掛け、参加者には栽培方法を解説したハンドブックを配布するなどバックアップ態勢を整えた。

同年は10集落で80㌃、08年には15集落で2㌶にまで拡大。出荷先のホテルなどからも「自生に比べ安定した量を納めてもらえるし、味もいい」と評価を受けている。

武藤さんは「農作業が難しくなった人でもできる。少しでも土地を有効に活用できるようにしたい」と手応えを語り、同分室や町も「すぐに耕作放棄の問題を解消するのはさすがに難しい。だが、ワラビを特産化すれば栽培者も増え、少しずつでも耕作放棄地は減少していくはず」と地道な活動に期待を寄せる。

離農者の田んぼを借り受けてワラビを栽培する武藤惣栄さん。栽培者が徐々に広がっている=4月、阿賀町馬取

耕作放棄地の解消で成功例はまだ少ないが、県も本年度から各地域振興局に「対策推進チーム」を設置。市町村を通し、技術指導や国の制度説明に当たっている。

国は本年度から「耕作放棄地再生利用緊急対策」を開始。11年度をめどに優良農地の耕作放棄地を解消する目標を掲げて本腰を入れる。

障害物除去などの整地作業や営農定着者に10㌃当たり5万~2万5000円を交付するほか、用排水施設などの整備に補助する。

本県を管轄する北陸農政局の月山光夫次長は「地方自治体や集落、地域住民と連携して取り組んでいきたい」とする。

高齢化が進み、担い手確保へ根本的な農業政策が問われている。荒れ果てた土地を再生するには、所有者をはじめ地域が一体となっての取り組みも欠かせない。

(この連載は報道部・小林純が担当しました)

〈メモ〉県によると、県内各地の主な耕作放棄地対策としては、佐渡市月布施地区で住民有志が1999年から復旧活動に着手。NPOと連携し、島外のボランティアを受け入れ、ビオトープとして整備を行っている。同市ではJA主体で牛を放牧する取り組みもある。

小千谷市塩殿地区では市が用地を買収し、2004年から都市住民との交流を目指して滞在型、日帰り型市民農園を整備。07年にオープンし、現在は直売所なども開設されている。妙高市上中村新田地区では大豆、ソバなどを耕作放棄地に作付けしている。

新潟日報　2009年6月13日

コラム

「どこで、何を作るのか」就農活動はじめの一歩

ここ数年、就農相談の担当者から「相談件数は増えているが、どのような農業をやりたいか、しっかりと考えて来る人が少なくなった」という声を耳にします。長引く不況、就職難の中にあって、常に人手不足で後継者問題が取りざたされる農業が、「私にもすぐできるのではないか」という幻想を抱かせたとしても仕方がないことかもしれません。巷《ちまた》には就農マニュアル本があふれ、「ラク」とか「儲かる」といった派手なキャッチコピーだけがクローズアップされているようにも感じます。

しかし、現実は甘くありません。新潟県で見ると「就農までこぎつけるのは、相談者全体のほんの数パーセント」といいます。就農までの一般的な流れについては126ページでまとめてみました。「資金の確保」「農地の確保」「営農技術の習得」そして「住宅の確保」─。独立・自営を目指す場合は、クリアしなければならない大きな壁があることを覚悟しなければなりません。

最初のハードルは資金の確保です。一般的に営農技術の修得には二～三年の研修

が必要といわれていますが、この間は収入がゼロに近い状態になってしまうことも少なくありません。また、就農してから生計が成り立つまでに平均で二・六年を要するとの調査結果も出ています（二〇〇六年・全国農業会議所調べ）。

㈳新潟県農林公社青年農業者等育成センターでは「就農資金の目安は、施設・機械の購入などを最低限に抑え、不足分を借りる前提で〝生活費の三年分〟。研修期間の二年分＋予備一年分はみておいてほしい」と説明しています。具体的な金額を挙げていないのは、就農希望者の営農ビジョンはもちろん、家族構成などそれぞれのおかれている状況によって必要な金額が大きく変わってしまうからです。研修を終えて独立する際には、施設・機械などの購入といった営農資金は言うまでもなく、所得が安定するまでの生活資金も必要となることを忘れてはいけません。

この厳しい現実を受け止め、資金を蓄えながら、幻想的で曖昧なイメージだった農業をより具体的に固めていくことが就農への第一歩といえます。

まずは農業を肌で感じてみましょう。自分がどこで、どんな作物を栽培したいのか――。時間をかけてさまざまな経験を積み重ねていけば、具体的に「自分が目指す農業」が描けるようになるはずです。

■体験研修もさまざま

農業を経験する最初の手段としておすすめしたいのが、各県の青年農業者等育成センターや市町村などが開催している「農業体験研修」への参加です。

一泊二日や二泊三日の短期研修の内容は、受け入れ農家や農業法人での農作業体験をベースに、就農ガイダンスや新規就農者からの事例発表といった講義を組み合わせているものが一般的なようです。これらの研修に参加することで、同じ新規就農を志す参加者との交流も生まれます。ほかの参加者からいろいろな情報や体験談を得る――。これもまた次のステップへ進むための貴重な糧となるでしょう。

新潟県で行われている体験研修の代表的なものとしては、㈳新潟県農林公社青年農業者等育成センターが実施している「お試し体験」と「短期研修」があります。いずれも体験希望者と個別相談したうえで開催時期が決定されます。研修場所（受け入れ地域）は小千谷地域や柏崎地域、上越地域で、研修費や宿泊費は無料となっています（現地までの交通費は参加者負担）。詳しくは㈳新潟県農林公社青年農業者等育成センター【電話025-281-3480・ホームページhttp://www.nnaic.com/】にお問い合わせください。

お試し体験…UIJターンにより就農・就業を希望する人で、農業経験のない人が対象。日帰りもしくは一泊二日（ホームステイ）で行われます。

短期研修…UIJターンにより就農・就業を希望する人で、農業研修などの経験がある人が対象。二泊三日（ホームステイ）で行われます。

新潟市が開催している「食と農の学校　越前浜教室」。例年10月ごろの開催で秋野菜の収穫などが体験可能

また、「田園型政令市」をうたい、都市と広大な田園地帯が共存する新潟市には、農業者と消費者の交流機会の拡充を図る目的で、さまざまな農業体験メニューが用意されています。なかでも例年十月ごろに三泊四日で開催される「食と農の学校越前浜教室」は、農のある暮らし、田舎暮らしをちょっと体験してみたい人を対象

としており、農作業も秋野菜の収穫が中心。農業に触れる最初の一歩として非常に参加しやすい内容になっています。こちらの詳細は新潟市農林水産部食と花の推進課【電話025-226-1798・ホームページ http://www.city.niigata.jp/info/shoku_hana/】にお問い合わせください。

耕運機を使って畑を耕し、マルチを施す—。農作業の基本を学ぶには、就農準備校の入門コースがおすすめ

全国各地にある「就農準備校」を利用するのも良いでしょう。学校法人などが運営する就農準備校では、一泊二日程度の体験研修から一週間や一カ月といったより実践的なコースが設けられています。受講日が土日や夜間、夏季休暇期間などに設定されているケースが多く、働きながらでも気楽に農業を学ぶことができます。

例えば長野県諏訪郡原村にある八ヶ岳中央農業実践大学校【電話0266-74-211

1・ホームページhttp://www.yatsunou.jp/】では、「入門コース」として連続五日間の宿泊集中型研修などを開催しています。圃場実習では耕起から播種・定植、管理、収穫まで一連の農作業が体験でき、果菜、葉菜を問わずさまざまな作物に触れることができます。これらの体験は、自分が将来どんな作物を栽培するかを描くうえで、今後に生きる体験となるはずです。

■農業の「現実」を知るために

体験研修よりもさらに踏み込んだ経験を得ることができるのが「農業サポーター（ボランティア）制度」です。この制度は、農家の高齢化、担い手不足が深刻化する中で、ボランティアによる農作業支援によって労働力不足を補おうというもので、全国各地で積極的に取り組まれています。

サポーターの登録条件などは自治体によってさまざまですが、登録前研修として「農業サポーター養成講座」などを設け、サポーター希望者に一定の知識と技術とを習得してもらっている自治体もあります。

新潟市の「農業サポーター」。トマトの収穫などをサポートしたり、教わりながら田植え機を運転することも

新潟県ではいちはやく新潟市が農業サポーター制度を取り入れました。新潟市のサポーター制度は「農村と都市の交流と相互理解の促進」を第一義としていることもあり、新潟市民であれば農業経験が一切なくても登録可能です。登録前の事前研修もありません。そういった手軽さもあって、二〇〇七年のスタート時には二十人だったサポーターも二〇一〇年には百八十人を超え、五十軒の農家で農作業をサポートしています。

二十三軒の農家の栽培品目は、稲作はもちろん露地野菜や施設野菜、果樹、花卉《かき》など多品目にわたります。就農活動での一番のメリットは、これら多くの生産現場を見て、生産農家の〝生の声〟を直接聞くことができるということです。「単当たり収穫量や売上金額」「設備投資やさまざまなランニングコスト」など、本で読んだだけでは現実味のなかった言葉や数字が、毎日農家の方が行っている作業を実際の圃場で行うことで、かなりリアルなものに変わってくるはずです。

農協や直売所への出荷作業も貴重な経験となることでしょう。「作ったものをどう売るのか」という視点は、経営を成り立たせるためには必要不可欠です。「生産→加工→流通→販売」という一連の流れを、農業サポーター活動では少なからず見ることができるのです。【問い合わせ／新潟市農林水産部食と花の推進課】

また、長岡市でも「ながおか援農システム 大地まるごと学」という名称で、援農者を募っています。こちらの特徴は、長岡市民に限らず「誰でも参加できる」という点。受け入れ農家が依頼したい作業をその都度ホームページなどで公開、広く参加者を募集しています。作業内容も「初級」「中級」「上級」に分けられており、ちょっと農作業を体験したい人から本格的に就農を目指している人まで、自分のレベルに合わせて選択することが可能です。詳しくは大地まるごと学運営協議会（長岡市農政課内）【電話0258-39-2223・ホームページhttp://www.nagaoka-volaba.jp/】にお問い合わせください。

「どこで、何を作りたいのか」、それを「独立してやりたいのか、農業法人の一員としてやりたいのか」。これがはっきりしてくると、就農への道はぐっと開けてきます。「どこ」がまず先だろうという人は、その土地で栽培するのに適している（売れている）作物が「何なのか」が見えてきます。逆に「なに」が先の人は、その作物の産地が「どこ」なのかが見えてきます。

ここでは新潟県の情報を主に紹介しました。しかし、農業への入り口は、思いのほか皆さんの身近なところに存在します。情報を集め、自分のできるところから、焦らず「あなたの就農」を描いていきましょう。大きな壁は越えられない壁ではありません。

第Ⅱ部

農業立て直しの第一歩は人づくりにあり
―コメ王国新潟からの報告

佐藤　準二

プロローグ　「3K構造」にあえぐ日本農業をどうする

人も土地もムラも空洞化

日本農業は果たして「持続可能」な産業なのだろうか。こんな危機感を抱いている人が少なくないことだろう。それもそのはずである。この五十年の足取りを見れば、日本農業がいかに衰退してきたかが分かる。

データがすべてを物語っている。コメの増産期にあった一九六〇年に六百五万七千戸に上っていた全国の農家戸数は、この五十年ほどで半分以下の二百五十二万一千戸に減少した。千四百五十四万人を超えていた全国の農業就業人口も二百九十八万六千人まで落ち込み、農業就業人口に占める高齢者の割合は五十年前に一七・五%だったのが六〇%を超える事態になっている。

生産手段である農地の減少も深刻だと言わなければならない。一九六〇年に六百七万一千ヘクタールあった全国の耕地面積は四百六十二万八千ヘクタールまで落ち込んだ。当然のことながら、国内総生産（ＧＤＰ）に占める農業の比重も当時とは比べものにならない。八・六％あった農業総生産の割合が〇・九％まで低下していることを見ても、日本農業の衰退ぶりは隠しようがない。

「コメ王国」を誇ってきた新潟県農業も例外ではない。五十年前に二十一万二千戸を数えた農家戸数は、二〇〇五年には十万七千戸になってしまった。農業就業人口も五十六万四千人が十二万九千人に減少し、一三・〇％にすぎなかった高齢化率は六二・四％まではね上がった。耕地面積も減り続け、二十五万六千ヘクタールが十七万七千ヘクタールに落ち込んだ。県内総生産に占める農業総生産の比率も一九・四％だったのがわずか二・〇％になっている。

農業にとって「担う人」と「耕す土地」は資源そのものである。データでも明らかなように、その資源の先細りが日本農業、新潟県農業をここまで衰退させたと言っても過言ではない。そこからは「高齢化―後継者難―耕作放棄」という「３Ｋ」の悪循環にはまり、人的基盤、地的基盤の「液状化」にもがき続ける日本農業の深刻な現実が浮かび上がってくる。

農業、農村は日本社会の「母屋」として私たちの暮らしの土台を支えてきた。食料生産の担い手というだけではない。水資源など「眠れる国富」を蓄える環境の守り手、伝統文化の支え手としての役割も見逃せない。その農業、農村の現状について、明治大学農学部の小田切徳美教授は「人、土地、ムラの空洞化にとどまらず、〝誇り〟の空洞化まで進行している」と警告する。

時代の変化に追い付けず

なぜ、このような事態に追い込まれてしまったのか。農業、農村が「高度経済成長という時代の急激な変化についていけなかった」との指摘は確かにその通りだろう。新潟県で農業生産法人を切り盛りする経営者の一人は「私の父親がわが家に車が入ってきて生活が一変したとよく言っていた。一年で一作のコメの世界では盆暮れ勘定じゃないとカネが回らない。それが車の月賦などで毎月毎月、一定のカネがかかるようになった。そうしたキャッシュフローの変化、生活スタイルの違いに農業、農村がついていけなかったのではないか」と語る。

高度経済成長で日本は「世界的に見てもこれだけ急速に消費生活が変わった国はない」と言われるほど、食生活のありようが変わった。農林水産省のある官僚は「食生活の変化のスピードに日本農業がついていけず、キャッチアップが遅れてしまったことが衰退につながった」とみている。しかし、こうした指摘だけで日本農業の「衰退の五十年」を語ることはできない。

一九六一年につくられた「農業基本法」は、需要の伸びる農産物（野菜や果樹、畜産など）に生産をシフトさせる〝選択的拡大〟をうたい、農工間の所得格差の解消を目指しながら、目的を果たせなかった。一九七〇年から四十年も続くコメの生産調整（減反）は、農家のやる気を失わせ、多くの耕作放棄地を生んだ。一九九一年の牛肉・オレンジの自由化、コメのミニマム・アクセス（最低輸入量）の受け入れを約束した一九九三年のウルグアイラウンド合意など農産物の市場開放が農業、農村の空洞化に拍車をかけたのも間違いない。

日本農業が衰退した要因は単純ではない。ただ、一ついえるのは、高度経済成長という時代の荒波に洗われた上に、「猫の目農政」に象徴される急場しのぎの対策を取り続けてきたことが現在の深刻な事態を生んだということだ。しかも、いまもって日本農業は厚い雲に覆われ、視界が開けていない。

いま、多くの農家は「農業は儲からない」と嘆く。儲からない仕事であるがゆえに、子どもは親の背中を見て「育つ」どころか、親の背中を見て「逃げる」ようになったといわれる。農業が斜陽産業だとされるのも、こうした現実に処方箋を描けず、西に傾いた太陽のように見えるからだ。

農業は本当に斜陽産業か

問題は、日本農業が先の見えない斜陽産業のままさらに西に傾いていくのかどうかである。私自身は「そんなことはない」と考えている。むしろ、一次産業、とりわけ「生命産業」として食料の生産を担う農業の復権こそが二十一世紀の日本の生き方を確かなものにするのではないかと思っている。

二〇〇八年の食料危機で明らかになったように、世界の食料需給はこれからますます逼迫《ひっぱく》していく恐れが強い。その意味するところは、経済力にものをいわせて食料を世界中から買い漁るような身勝手な振る舞いは許されなくなるということである。輸入に節度が求められる時代になったのだ。

当然のことながら、日本も自国で賄えるものは可能な限り自国で賄う自給力のアップが求められることになる。これは国民の「食の安全、安心」を確保するためにも避けて通れない課題だ。あの中国製ギョーザ中毒事件や汚染米事件の背後には輸入に過度に依存する日本の危うい食料供給構造がある。

国の農業政策にも大きな変化が見てとれる。二〇〇九年九月に誕生した鳩山政権は農業者の経営安定を目指し、二〇一一年度から「戸別所得補償制度」を本格実施するとしているが、その狙いはこの制度を国産食料の確保と食料自給率の向上につなげ、国土保全など農業の多面的機能を維持することにある。

問題なのは食料生産のあり方だけではない。大量生産、大量消費、大量廃棄の「浪費型社会」から適正生産、適正消費、最小廃棄の「循環型社会」への転換を求められている日本にとって、循環型産業のトップランナーともいうべき農業の立て直しは欠かせないものになっている。

こうした時代環境を考えると、農業はお先真っ暗の斜陽産業ではなく、次代を担えるベンチャー産業だといえるかもしれない。問われているのは、「高齢化―後継者難——耕作放棄」という「3K構造」からいかにして抜け出し、耕地が耕地としてしっかりと生かされる「持続可能」な農業にするかである。

人づくりこそが鍵を握る

私はその第一歩が人づくりだと思っている。農家の子弟が親の後を継いでくれれば、それはそれで喜ばしいことだ。ただ、こうした「世襲制」だけで衰退した日本の農業を立て直すことは至難の業といえる。外から新しい血を入れ、新陳代謝を進めることで、体力の回復を目指す必要がある。

農業や農村に関心を寄せる人は多い。それは㈳新潟県農林公社青年農業者等育成センターが行っている就農相談にもはっきりと現れている。二〇〇五年度まで百人前後で推移していた年間の相談者がこの二、三年で急速に増え始め、二〇〇八年度には二百六十人を超えるまでになっている。

その多くは、いわゆる非農家で生まれ育った農業経験を持たない人たちだ。最近は「飛び込み型」の相談が増えたというが、それでも単なる憧れではなく、こだわりを持った人は少なからずいる。ゼロからの出発を覚悟で、農業で自立を目指す人や農業生産法人への就職にかける人がやって来る。

しかし、現実はそう甘くはない。育成センターが「相談者全体のほんの数パーセント」と話すように、実際に就農までたどりつけるのは極めてわずかだ。国の「農の雇用事業」などで農業生産法人の雇い入れが大幅に増えた二〇〇九年はともかく、新潟県の新規就農者はこのところ年間百八十人から百九十人程度で推移している。新潟県では年間二百八十人の新規就農者確保を目標としているが、新規就農者に占める非農家出身の割合も一割程度にとどまり、伸び悩みの状態にある（247ページ参照）。

重要なのは、農業への関心をやる気に、やる気を就農につなげるための受け皿づくりを加速させることである。農業生産法人で働くにしろ、自立するにしろ、農業経験の乏しい人たちを新しい戦力として育て上げなければならないのだ。そこにはきめ細かな育成システムがあってしかるべきである。

営農技術の研修は言うに及ばない。自立を目指す人には農地や資金の手当てで可能な限りの支援をしていくことも求められる。それがあって初めて、地域に「農業の人財」が育つことになる。新規就農を志す人も甘い幻想を抱いてはいけない。扉を叩いても、理想と現実のギャップに耐えかねて途中でリタイアする人が少なくない。農業は自然相手の厳しい肉体労働でもあるのだ。

新潟県には新規就農者の受け皿づくりを懸命に進めてきた自治体もある。独自の経営哲学を持って新戦力を育て上げている農業生産法人も少なくない。

「農業立て直しの第一歩は人づくりにあり」

ここでは、条件の厳しい山間地で自立を目指す農業者の育成に取り組む津南町と、有限会社として新規就農者の受け入れを進めている上越市の朝日池総合農場、新潟市のエーエフカガヤキ、村上市の神林カントリー農園の「人づくり」についてリポートする。

〈参考〉

わが国の世界人口および世界農産物輸入額に占める割合（2007年）

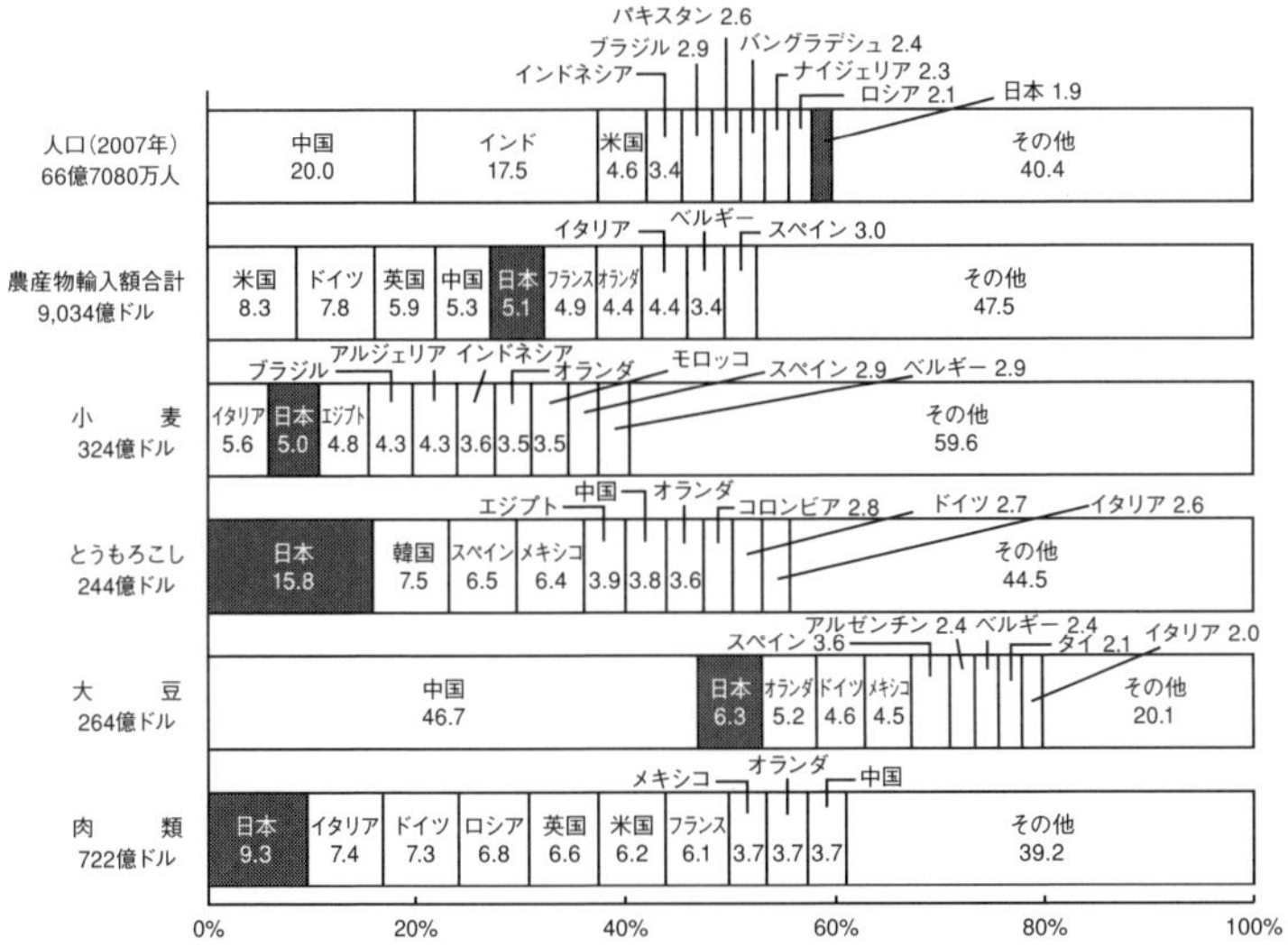

資料：FAO「FAOSTAT」

注１：EU27の各国は個別に計上しており、EU域内流通を含んでいる。

２：中国の人口には、台湾・香港・マカオを含み、農産物輸入額には、台湾を含み、香港・マカオを除く。

農産物輸入額上位10カ国の農産物輸入額・輸出額・純輸入額（2007年）

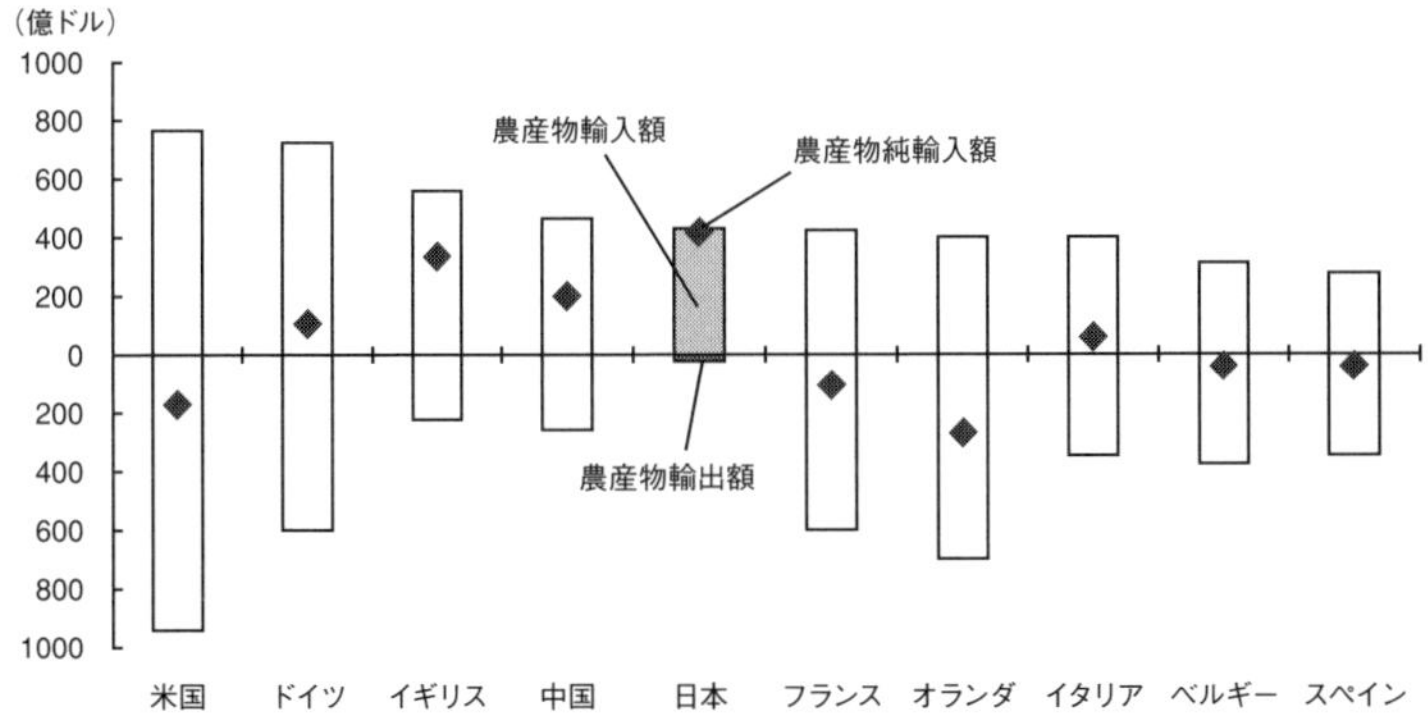

資料：FAO「FAOSTAT」

注：農産物純輸入額＝農産物輸入額(CIFベース)－農産物輸出額(FOBベース)

出典：農林水産省「海外食料需給レポート2009」

自立を目指すニューファーマーをこの地に
―津南町に見る人づくりの取り組み―

21人が就農にこぎつける

「咲かせてください　あなたの夢」。津南町がこんなキャッチフレーズで農業の新規参入希望者を全国から受け入れ始めて十五年がたつ。これまでに就農にこぎつけたのは二十一人を数え、日本最大規模の雄大な河岸段丘が広がる津南町で地域農業の明日を担う新たな戦力として懸命に汗を流している。

二十一人はいずれも農業とは縁のない家庭で生まれ育った、いわゆる「ニューファーマー」と呼ばれる人たちである。その多くは勤めていた役所や会社でのサラリーマン生活に見切りをつけ、農業でこれからの人生を切り開こうと津南町にやって来た。東京都、神奈川県、千葉県の首都圏をはじめ、遠くは愛知県、静岡県から移り住んで露地野菜の栽培などで生計を立てている。

町内総生産に占める一次産業の割合が一〇%程度に上っていることからも分かるように、農業は津南町の基幹産業である。日本一のブランド米「魚沼産コシヒカリ」に代表されるコメ産地として知られるだけではない。ニンジン、アスパラガス、スイートコーン、加工トマト、花卉、葉タバコの栽培など畑作も盛んで、安全で安心な食料生産を目指して産地ぐるみの取り組みを進めている。

とはいえ、津南町は中山間地の多い新潟県でもとりわけ自然条件が厳しい豪雪地帯にある。三メートルを超す大雪に埋もれる冬もある。同じ雪国にいても、その苦労は平場の比ではない。それを承知の上でこれだけの人たちが津南町に定住して新たに農業を始めた。後継者難にあえぐ全国の農山村からみれば、にわかには信じ難いことかもしれないが、これは夢物語でも何でもないのだ。

秘策があったわけではない。津南町の「いま」があるのは、打つべき手立てをしっかりと打ち、確かな受け皿づくりを地道に進めてきたからだ。それが全国から思いを抱いてやって来た人たちの夢を咲かせただけでなく、津南町を新潟県の先進地に押し上げたと言ってもいい。私たちが津南町の取り組みから学ぶべきは、受け入れ態勢の手厚さであり、きめ細かさである。

天空の畑地を生かすには

津南町が農業の新規参入希望者を全国から受け入れ始めたのは、一九九五年度からだ。中山間地にある農山村のどこもがそうであるように、津南町もご多分にもれず、高齢化が加速し、後継者難に直面していた。こうした状況に風穴を開け、国営総合農地開発事業で苗場山麓に切り開かれた広大な畑地の活用に何としてもつなげたい。それが津南町の「全国公募」のきっかけだった。

一九七三年から取り組まれてきた国営事業で、津南町には新たに五百五十ヘクタールほどの畑地が生み出されることになっていた。問題は、標高四百メートルから七百メートルに造成される「天空の畑地」を地域農業の新たな拠点としていかにして生かしていくかである。津南町が地域にとどまらず、全国に新たな人材を求めた理由もこの「天空の畑地」を抜きにしては語れない。

いまから十数年前、新規参入希望者の受け入れなどを担当する津南町農業公社を取材で訪れたことがある。当時、公社の業務課長として最前線に立ち、現在は町の地域振興課長を務める石橋雅博さんの言葉が忘れられない。「きれいごとだけ言っていても数の確保はできない」。胸に突き刺さるひと言だった。そこからは、長い歳月をかけて切り開かれた、町民の共有財産ともいうべき「天空の畑地」を宝の持ち腐れにするわけにはいかないとの必死の思いが伝わってきた。

「農地、住居の斡旋ができずして全国公募はやれない」。スタート当初の石橋さんの言葉を借りるまでもなく、農業経験のない人たちを全国から受け入れ、就農までたどりつかせるのは、口で言うほど簡単なことではない。津南町のように、農業法人などで働く「就職型」ではなく、町に定住して自らの手で経営を切り盛りする「自立型」の農業者の育成を目指すとなれば、なおさらである。

自立を求めるには、それに見合った環境づくりをしなければならない。問われているのは、農業研修のあり方だけではない。当然のことながら、生活の土台をなす住まいの世話から農地、就農資金の手当てに至るまで、可能な限りの支援をしていくことが求められる。こうした支援があって初めて、手の届かないところにあった自立が現実味のあるものとして受け止められるようになる。

手厚い支援があってこそ

津南町の強みもこの現実味にある。支援は畑作に限られているとはいえ、就農への第一歩となる農業研修は最長で三年間受けられる。それも畑作のイロハだけでなく、自分で栽培しながら学ぶ実地研修を主体にしたものになっている。町地域振興課農林班で受け入れに携わる太田昌さんがこう語る。「一年目は公社で収穫作業をはじめ農薬、肥料の関係などの基本編を学び、二年目は本人が希望する作物を栽培している大規模農家で実地研修を積んでもらう」。

全国公募には欠かせない住居もしっかり手当てされている。新規就農者技術習得施設で「ファームハイツ」と呼ばれる受け入れ施設があり、単身者用として八人分、所帯者用として四所帯分の住居を用意している。単身者用で月額一万五百円、所帯者用で二万一千円の家賃を払えば、入居することができる。

さらに、農業研修が終わった段階で、町農業公社が本人の希望に応じて畑地を取得したり、借りたりできるように斡旋するとしている。農地の手当ては新規参入の

津南町の特産品「雪下にんじん」。播種は７月中～下旬、雪が降るまでに大きく育て、12月から雪の下で越冬させる。収穫は３月末～４月末、２メートルもの雪を取り除きながら行われる

最大のネックとされているが、苗場山麓に広大な畑地を持つ津南町では、農地の心配をする必要はない。それればかりか、これらの畑地の整備状況は全国でも最高水準にあるとされ、その気になれば大規模な畑作も目指せる。

支援はこれにとどまらない。四十歳以下の人であって津南町に定住して就農を目指す人にはさらなる支援策を設けている。冬場の五カ月を除いて、農業研修の期間中は月額五万円の助成金を貸し付けるというのである。それも研修を終えて町で五年以上就農すれば、返済が免除される仕組みになっている。この五万円が経済的にも大変な研修生活を支える一助になることは確かだ。

新規参入に欠かせない就農資金も四十歳以下であれば、補助金などの導入が可能になる。営農指導も町農業公社が中心となってサポートする。こうした受け入れから自立に至るまでの相談、支援態勢が整っていたから、津南町は二十一人の新規参入者を誕生させることができた。新たな担い手の発掘では、こうした受け皿づくりがどこまでできるかどうかが厳しく問われているのだ。

途中でリタイアした人も

津南町でもすべてが順調に運んできたわけではない。新規参入希望者の受け入れをめぐって、賛否両論があったといわれる。「新規参入に投入する金があるのなら、それを地元の農家を支援するために使うべきだ」とする批判的な声がかなりあったというのだ。津南町の取り組みはこうした試練を乗り越えて進められてきた。そこに全国公募にかける町の強い意志を感じた人は多い。

また、太田さんが「最後にものをいうのは本人の努力だ」と指摘するように、いくら支援策を充実させても、すべての人が就農までたどりつけるわけではない。肝心かなめの農業研修でつまずき、途中でリタイアする人もいる。スタート当初の数年間で四人が脱落しただけではない。最近も二〇〇八年度に一人いた研修生がわずか三カ月で挫折し、町を去って行ってしまった。

理想と現実のギャップがそうさせるのかもしれない。しかし、それだけでリタイアするわけではなさそうである。太田さんは「アスパラガスの収穫はすべて手作業で行うのだが、中にはこれに体がついていかない人もいる」と語る。農業研修で体を痛めたりするようでは、体が資本の農業の道は歩めない。扉は開くには、精神的にも肉体的にもそれなりの強さが求められるのである。

津南町では新規参入希望者が相談に訪れても、直ちに受け入れにゴーサインを出したりはしない。最初の面接で農業が置かれている現状を説明し、進路をじっくりと考えてもらうことにしている。その上でまた面接を行い、受け入れを決める。人によってはそれでも決まらず、さらに面接を重ねることもあるという。脱落者をできる限り出したくない、そんな思いがここから見てとれる。

資金が大きなポイントに

新規参入希望者も津南町への受け入れがかなったからといって、ホッとしてはいられない。蓄えのある人はともかく、月額五万円の助成金が受けられない冬場はアルバイトなどをして稼がないと、就農資金を貯めるどころか、日々の暮らしが成り立たなくなる恐れがある。まずは二年、三年の農業研修の期間をどう乗り切っていくか。きれいごとでは済まない現実が待ち受けている。

そして、いざ独立というときに、最も大きな資金の壁が立ちはだかる。用意しなければならない資金は、機械、施設、農地などにどれくらい投資するかによって違ってくるし、公的資金などを上手に使って調達することも可能ではある。しかし、それで済むほど現実は甘くはない。農業が軌道に乗るまでに、少なくとも二、三年はかかるとみておかなければならない。

津南町が新規就農者のために貸し出している「ファームハイツ」

津南町も受け入れに当たって、これら就農資金の手当てが「行政頼み」ではいかない現実について新規参入希望者に話している。必要最小限の資金として「独立・就農時に運転資金および小農具等で百五十万～二百万円」がかかるだけではない。生活費の手当ても考えてそれなりの蓄えをしておくよう求めている。先立つものが手当てできなければ、夢を咲かせたくとも咲かせることはできない。

就農してからも厳しい日々が続く。多くは〇・三ヘクタールから一ヘクタール程度の畑地を借り入れてスタートするが、農業者として自立するには、まず暮らしていけるだけの収入を得なければならない。太田さんは「人と同じことをしていてはだめだ」と力を込める。畑地の取得を始めたり、規模拡大をしたりしている人は、一人の事業主としてそれなりの努力を続けてきている。

販路を独自に切り開いた人もいる。加工を手がける人もいる。収入源を多様化して乗り切りを図る人もいる。農業者として地域から認められる存在になるには、人一倍の努力が必要になるというのだ。就農は出発点でしかない。本当の勝負は就農した後にどこまで初心を貫けるのかである。名実ともに一人前の農業者になれるかどうかもこの頑張りにかかっていると言っていい。

地域にしっかり根を張れ

太田さんは「地域に根付くことが何よりも大切だ」と訴える。地域は「村落共同体」という言葉に象徴されるように、一つの社会を形成している。その地域にとけ込み、つながりが持てれば、農家の知恵を伝授してもらえるだけではなく、農業者として生きる術と腕も磨かれる。こうした有形無形の後押しがあって就農したばかりの新規参入者が育っていくと太田さんは考えている。

津南町の実情をよく知る㈳新潟県農林公社青年農業者等育成センターの高橋友行所長がこう話す。「津南町がここまできたのは、養成機能がしっかりしている上に、農地の手当てがいつでも可能な状況にあったことが大きかった。受け入れる行政の対応もしっかりしており、担当者がくるくる変わらず、中心となる人が一貫してこの道を歩いてきたこともよかったのではないか」。

四十歳を過ぎて津南町で夢を咲かせた人もいる。蓄えをほとんど持たずに農業の道に入り、努力で「一人立ち」をした人もいる。しかし、農業は憧れだけでやれるものではない。自立するには人に言えない苦労がいくつもある。農業の新たな扉をどう開くか。問われているのは自治体の取り組みのあり方だけではない。飛び込んでくる人たちの覚悟のほども厳しく試されている。

新たな人生は「7反」から始まった
――津南町に移り住んだ宮崎朗さん――

月日がたつのは早いものだ。宮崎朗さんが千葉県柏市から津南町に移り住み、農業で自立して十一年になる。〇・七ヘクタール、「七反」の畑地を借りてスタートした新たな人生は、いまや経営規模が五ヘクタール、年間の売り上げも順調な伸びを見せている。農業の道を選んだときに「母親からいきなり第二の人生を始めるのかと言われた」と笑う宮崎さん。来冬から谷内《やち》にある自宅の一階を加工場に直して、自らの手で新たな農産品の開発にも取り組む。

宮崎さんが新規就農希望者の受け入れを進めていた津南町に農業研修に入ったのは、十四年前の一九九六年五月、二十四歳のときである。きっかけは一冊の新規就農ガイドブックだった。ガイドブックには新潟県で新規就農者を募っていたところが三カ所載っていた。しかし、津南町を除けば募集とは名ばかりの状態で、宮崎さんにとって「現実味があった」のは津南町だけだった。

HINOMOTO E394

宮崎さんは農業研修に入る前年の十月に津南町を訪れ、一週間ほど泊まり込んで新規就農希望者の受け入れ窓口になっている町農業公社で農作業を手伝ったり、先輩の話を聞いたりした。このまま農業の道に進むべきか、それとも一時期アルバイトをしていた地質コンサルタントの仕事に再び戻るべきか。宮崎さんは考えた末に津南町で新たな人生を切り開くことを決断した。

農業には漠然とした憧れのようなものは持っていたが、強いこだわりがあったわけではない。ただ、都会暮らし、とりわけ新興住宅地での暮らしにはうんざりしていた。宮崎さんは東京都目黒区で生まれ、三歳の時に父親がマイホームを購入して柏市に移り住んだ都会育ちだ。帰りたくとも帰れる「田舎」がなかった。それが田舎暮らしへの思いを次第に増幅させていった。

「新潟には何か〝原風景〟的なものを感じた」。宮崎さんはガイドブックで新潟県を調べたきっかけをこう話す。しかし、不思議な親近感は自らのルーツをたどることで得心がいった。曾祖父と曾祖母が旧小国町（現・長岡市）の出身だったのだ。「サケが川に帰って来たような感じ」。大学で地質学を学び、その道に進むこともできた宮崎さんを津南町に呼び込んだのは、宮崎さんに流れる「新潟県のＤＮＡ」だっ

「機械を直すのが好きなんです」と宮崎さん。愛用のトラクターは中古で手に入れた

宮崎さんの屋号は「はらんなか」。自宅のある場所を地元で「原ん中」と呼ぶという。写真は「さといらずの炒り豆」。さといらずは北信越地方に伝わる青大豆で、「砂糖いらず」の意味

たのかもしれない。

農業研修の期間は最も長い三年にした。研修を終えれば農業で自立の道を目指すことになる。研修期間中は新潟県の支援制度のお陰でそれなりの生活ができた。住まいも「ファームハイツ」と呼ばれる町の新規就農者技術習得施設があり、二年目の途中までそこで暮らした。その後は「都会のアパート暮らしをしに田舎に来たのではない」と近くの芦ケ崎《あしがさき》に一軒家を借りて住んだ。

問題は自立に向けた就農資金だった。冬場は作業日誌を整理し

たり、次年度の作付計画を立てたりしながら、合間を縫ってアルバイトに出た。町からは酒造会社のアルバイトを勧められたが、一年目と二年目の冬は大工仕事を手伝い、三年目は土木作業員をした。日々の暮らしを切り詰め、アルバイトなどをしてためたお金は二百万円ほどだった。自立するにはさらに資金が必要ということで、就農資金として二百万円を借り入れた。

厳しい大工仕事をアルバイトに選んだのには訳がある。津南町に移り住んで以来、宮崎さんには「自分の家を建てたい」との思いがあった。この思いを実行に移すべく、就農と同時に「わが家」を建て始めた。一軒家を借りていたときにいやというほど味わった豪雪地の厳しさが、宮崎さんを「雪に負けない、暮らしやすい家を建てなければ」と駆り立てた。アルバイトから疲れた体で帰っても、降り積もった雪の後始末をしなければ身動きがとれなくなる。アルバイトのない日はない日で屋根の雪下ろしに追われた。想像を超えるつらい日々だった。

家づくりでは自分でやれるところをすべて自分でやることにした。大工や土木の経験が役に立ち、基礎は何とか自力でこなした。さすがに家の骨組みは本職に頼んだが、解体することになっていた倉庫を譲り受けて建ててもらった。外壁はもちろん内装も自分でやった。建具をはじめトイレや風呂、台所、果ては電気のスイッチに至るまで、中古品を集めて徹底的に活用した。それでも自分でためたお金の多くは家づくりに回さざるを得なかった。

こうした台所事情もあって、苗場山麓に切り開かれた畑地で第一歩を踏み出した宮崎さんの農業人生は、胸を張れるほどのものではなかった。借り入れた畑地は〇・七ヘクタール、作物も「機械をできる限り使わないでやれるものを」と、ナルコラン、シャクヤクの切り花、ユリの球根を栽培することから始めた。トラクターも中古のトラクターを仲間と共同利用してしのいだ。そして、ナルコランの規模を拡大しながら自らの限界に挑戦し、経験をひとつひとつ積み上げていった。

スタートから十一年、宮崎さんの農業人生は確かな実を付けつつある。経営規模が五ヘクタールになっただけではない。手がけている作物の多さが宮崎さんの成長を物語っている。雪下ニンジン、アスパラガス、大豆を有機栽培で育て、枝豆、サツマイモ、ソバをつくり、ナルコランの株、ユリの球根を栽培する。わずかではあるが、水田を借りてコメづくりにも取り組んでいる。

二十四歳で津南町に入り、二十七歳で自立した宮崎さんも三十八歳になった。思い入れのある「わが家」も、妻の綾子さんと子ども三人の五人が暮らすにぎやかな家庭に変わった。宮崎さんはこれまでの農業人生を振り返って語る。「以前は今年と来年のことは分かっても、その先が考えられなかった。いまは三年くらい先の計画が立てられるようになった」。農業者として自立した証しだ。

自然の非情さも味わった。風でハウスが吹き飛ばされたり、ヒョウで畑の作物がやられたりした。「自然の猛威に人間は耐えるしかないと思った」という宮崎さんだが、ここまでたどり着くには苦労もし、努力もした。「食べ物は有機栽培でやるものでしょ」。妻にこう言われて始めた有機栽培では、手間のかかった雪下ニンジンを高く売りたいと飛び込みで販売先を探しに歩いたこともある。

こうした小さな努力がやがて販路を開いていく。出稼ぎ先の近所が銀座で、休日の散歩を楽しんでいたところ、たまたま「直売所」の看板が目に入った。そこで自分で育てた有機大豆を持って訪ねたところ、併設されていたレストランの人が気に入ってくれ、津南町までわざわざ足を運んでくれた。また、農業雑誌を読んで気になっていた日本橋の青果会社に行ってみると、話を聞いてくれた上に「八百屋の勉強会があるからそこに来ないか」とのうれしい誘いまで受けた。いずれもつてが

農作業には人手が欠かせない。多くの人たちの協力を得ながら、広大な畑と向き合う

このサツマイモは種イモとして出荷される。取引先の種苗会社は「出稼ぎ先の知り合いから紹介してもらった。運が良かった」と笑う

あったわけではないが、飛び込んだ宮崎さんの熱意が通じて作物を置いてくれるようになった。

「偶然を生かすのが割と得意なのかも」と宮崎さんは謙遜するが、座して待っていては売り先の開拓はできない。自ら足を運び、思いを伝えなければ、取引のチャンスは生まれないのだ。宮崎さんにはその行動力があったということである。いまでは多くの作物が既存の流通ルートを通さずに得意先に売られている。

売り先と「顔の見える取引」をするからには、厳しい注文にも耳を傾けなければならない。出荷の時期は胃が痛み、時にはシビアな言葉に傷つくこともあるが、そうした「生の声」が作物を栽培するときに生きてくる。来冬は倉庫代わりにしていた自宅の一階を利用して農産加工にも取り組むことにしている。「大豆とサツマイモを使った新しい製品を開発したい」というのである。

地域に親身になって面倒をみてくれる人がいて、励まされ、助けられてきた。柏市に住む父親も農作業の手伝いに来てくれる。「応援団」にも恵まれた宮崎さんはこれから農業の道を目指す人たちに「失敗は誰でも必ずする。失敗したときにきちんと分析すれば経験として次に生かせる。失敗したのを人のせい、天候のせいにする

〈参考〉新規就農者が直面している課題

表１は、新規就農（参入）し、独立して経営している人に、経営面から困っていることを選択肢から複数選んで回答してもらったもの。「所得が少ない」が飛び抜けて多く、「設備投資資金の不足」「運転資金の不足」など、「人」に関する項目より「金」に関する項目が上位を占めている。表２は同じく生活面で困っていることを聞いたもの。「思うように休暇が取れない」「健康上の不安（労働がきつい）」と、「労働」に関する項目が上位を占め、経営面での厳しさが影響しているものと考えられる。

表１　経営面で困っていること（%）

所得が少ない	59
技術の未熟さ	39
設備投資資金の不足	31
労働力不足	28
運転資金の不足	26
販売が思うようにいかない	17
農地が集まらない	12
情報が少ない	9
税務対策	6
相談相手がいない	5
経営分析の方法が分からない	5
経営計画が立てられない	5
後継者がいない	3
つくる作目がない	2

表２　生活面で困っていること（%）

思うように休暇が取れない	28
健康上の不安（労働がきつい）	16
周囲に友人が少ない	13
交通・医療生活面の不確かさ	11
集落の慣行	11
集落の人等との人間関係	9
村づきあい等誘いが多い	7
子どもの教育	7
プライバシーの確保	4
家族の理解・協力	3
配偶者が地域などになじめない	3
子供が地域の農村生活になじめない	1

※アンケート調査は2006年、全国農業会議所が実施。回答588名（うち新規参入者490名）
※出典：全国農業会議所発行『iju info No.13 2009年春号』

ような人は農業には向いていない」と経験を基に語りかける。リスクは自分で負う。それが農業だと自らに言い聞かせているようでもあった。

農業の素晴らしさが分かる人を育てたい
―上越市大潟区の朝日池総合農場―

農場憲章で〝生き方〟を示す

上越市大潟区内雁子《うちがんご》でコメづくりやもちの農産加工などに取り組む農業生産法人「朝日池総合農場」は、オオヒシクイの飛来地として知られる朝日池のほとりにある。一九九二年四月に有限会社として設立されたこの農場は、その名が示す通り、朝日池にちなんで名付けられたものだ。朝日池は地域の宝というだけではない。農場にとってコメづくりを支える「命の水がめ」でもある。

農場の代表取締役を務める平澤栄一さんは、四十年以上のキャリアを持つこの道のベテランである。六十二歳になったいまも自らが歩んできた人生に熱い思いを抱き続けている。「農業は素晴らしい産業だ。これ以上の商売はない」。こう語る平澤さんには、農業は食料生産を担うだけでなく、地域の文化を生み、生物の命をはぐくむ、人間的でかけがえのない産業だとの思いがある。

この思いは、朝日池総合農場がスタートするときにつくられた「農場憲章」にもにじみ出ている。第一章から第四章まである憲章は、法人が目指すべき「生き方」

朝日池総合農場の直売所「むら市場」では、マスコットのヤギがお出迎え

を地域社会や消費者に自ら宣言したものでもある。そこには「豊かな自然環境に恵まれたこの郷土で、自然を大切にした農業、次世代に胸を張ってわたせる、持続可能な農業を建設する」とうたわれているばかりではない。

農業、農村、生産者と消費者を結ぶために農場だよりを発行する。そして、生物をはぐくむ農民として「日々の生産活動は、常に夢と希望がわいてくる、さわやかな、相和してゆけるものでなければならない」と説いている。この憲章から伝わってくるのは、農業への深い思い入れと自然への深い愛情である。異色の憲章に朝日池総合農場の立ち位置の確かさを見る思いがする。

憲章でうたわれた生き方は、農場のパンフレットを見ても分かる。その最たるものが「春―芽吹きと無数の小鳥が囀《さえず》る雑木林　夏―さわ風が吹き抜けて緑のじゅうたんが続きます　秋―黄金の稲穂が連なって豊穣な実りの季節　冬―ふっくらと雪に覆われゆっくりの時間…」というメッセージである。頸城《くびき》平野に広がる農場の営みとたたずまいが手に取るように浮かんでくる。

もちろん、平澤さんも季節の移ろいを肌で感じとってきた。「春青く、セミの声が聞こえる夏は緑濃く、収穫の秋はにおいが変わり、冬は静けさの中にある」。平澤さんがこう表現する頸城野の暮らしがすべての人になじむとは限らないが、平澤さんにとってはこれほどわくわくする生き方はない。ほかの仕事では経験できない懐の広さ、奥の深さにこそ、農業の魅力があるのかもしれない。

確かに命の源となる食料の生産を担う農業は、いろんな装置を持っている。「生命装置」という一次装置もあれば、「環境装置」、「文化装置」、「教育装置」といった二次装置もある。だからこそ、平澤さんは「農業の素晴らしさが分かる人を育てたい」と思い、それを朝日池総合農場の仲間たちと実行に移してきた。「来る者は拒まず」。こういう思いで研修生の受け入れを続けてきた。

研修生4人が農業で自立

研修生の受け入れは農場を立ち上げた翌年の一九九三年ごろから始まった。付き合いのあった当時の北陸農業試験場の研究者が東京農工大に移り、学生を研修に送り込んだことなどがきっかけとなって、多くの若者たちが農場に出入りするようになった。二、三日の人もいれば、一カ月の人もいる。農業での自立を目指して研修が二年から三年の長期間にわたる人たちも引き受けた。

平澤さんの自宅に泊まって研修を受けた学生も少なくなかった。田植えや稲刈りのときだけでなく、夏休みにもやってきた。平澤さんの両親も最初は「他人を家に泊めるなんて」と煙たがっていたが、学生との交流が進むにつれて喜んで受け入れてくれるようになったという。学生たちがかけてくれる言葉に元気づけられ、孫が新しくできたような気持ちが生まれたからに違いない。

平澤さんも次々とやって来る研修生と話をしていると、自分の若いときに立ち返ったような気がした。「やる気があって前向きで農業に夢を持っている。そういう若者と作業するのはすごく楽しい。目を輝かせて私らの話を聞いてくれたし、私らもその気になって教えていた」と当時を振り返る。平澤さん自身も研修生の存在に刺激を受け、元気のもとをもらっていたというわけである。

朝日池総合農場で研修を受け、農業者として自立した若者はこれまでに四人を数える。神奈川県に戻って農業を始めた一人を除いて、いずれも上越市でコメづくりや野菜の栽培に取り組んでいる。農場で二年間の研修を行い、山あいにある吉川区川谷の限界集落でコメづくりを始めた天明伸浩さんもその一人だ。非農家の家に生まれ、東京農工大大学院に学んだ異色の農業者である。

農業に縁のない暮らしをしてきた人が畑違いの農業の道を目指すのは容易なことでない。自立するには農地や機械の手当てが必要になる。当然のことながら、そのための資金を調達しなければならない。平澤さんも「問題は資金だ。スタートするときの投資を抑えに抑えたとしても、自立して五年間くらいは、食べて生活していける蓄えをしておかないと大変なことになる」と語る。

安全でおいしいものを―。米、大豆、季節の野菜、果物、そして平飼い卵まで、さまざまな作物をスタッフが心を込めて作っている。梅干しや切りもち、トマトジュースといった農産加工品も好評

ただ、資金があってもすべてうまくいくとは限らない。平澤さんは自立した四人には共通点があるという。いずれも自然と調和して生きていける人間であるということだ。「農業をやっていくには、自然と向き合っていろんな発見をしたり、共感を覚えたり、そういう生活が持てていることが大事ではないか。自然と同調できる人は人間関係もそれなりにうまくやっていける」というのだ。

平澤さんの気がかりはもう一つある。それは農業が孤独な作業であるということである。「一人で黙々とものをつくり上げられる人、もっと言えば孤独を楽しめるような人でないと耐えるのは難しい」という。農場での研修を終え、就農にこぎつけながら、去って行った独身の若者がいた。平澤さんは「奥さんがいるといないでは安定度が全然違う。それほど孤独だということ」と話す。

いまは最も楽しい仲間に

「自分でやってみろ」。平澤さんはこんな思いで自立した四人に接し、一本立ちできるよう後押しした。しかし、自立したらしたで人に言えない悩みが出てくる。しかも、悩みが深刻になればなるほど胸にしまい込んでしまう。それに気付いた平澤さんは自立して上越市で農業を始めた三人と勉強会を始めた。「勉強会の名目でみんなが寄って悩みなどを言い合おう」というのである。

勉強会はそれぞれの家の持ち回りで行われ、現在も二カ月に一度のペースで開かれている。ここで有機農業などの勉強もしている。「大したことではないが、こうした集まりが彼らのフォローにつながる」と平澤さん。いまでは「農場の卒業生」という関係を越えて「最も楽しい仲間」として付き合える存在になった。これも研修生の受け入れが生んだ農場の大きな財産と言っていい。

農場はいま、平澤さんら七人の社員と四人のパートの十一人体制で切り盛りしている。社員のうち二人は非農家で生まれ育った新しい戦力である。「コメづくりを中心に据えて、豊かな自然の恵みをあまねく享受するべく、多面的な農業を展開していく」と憲章でうたわれているが、「総合農場」の看板に偽りはない。ニワトリの飼育まで手がける取り組みの多様さがそれを物語っている。

農場の中心作物となるコメの作付規模は二十八ヘクタールに上る。「安心でおいしいコメづくり」を合言葉に、主力品種のコシヒカリを二十ヘクタール、こしいぶきを五ヘクタール、もち米を三ヘクタールで作付けしている。これらのコメの大部分は堆肥を使い、低農薬で栽培しているというが、コシヒカリの二・五ヘクタールはカモを放し飼いにした有機栽培米として食卓に届ける。

園芸作物では千五百本のトマトの栽培が柱の一つになっている。真っ赤に熟したトマトを加工した本物のジュースは農場自慢の一品でもある。農場ではまた七百羽のニワトリも飼っている。自由に歩き、遊べるよう飼育したニワトリの卵を、いわゆる「平飼い卵」として販売するのである。農産加工も切りもちやトマトジュースにとどまらない。農場の大豆を使って味噌もつくっている。

一筋縄でいかぬ法人経営

農場ではこれらの農産品を二〇〇三年につくった直営の直売所「むら市場」で販売し、収入源の多角化を進める。直売所には近くの農家が栽培した採りたての新鮮野菜も並ぶ。朝日池総合農場の売り上げは、直売所も入れて年間一億円程度である。ただ、平澤さんが「お金もうけも一筋縄ではいかない時代になった」と語るよ

4月、春の訪れとともに農場は一気に忙しくなる。5月は田植えの季節。青々と育つイネを見守りながら畦の草刈り、出穂の前には肥料の散布と作業が続く。9月、苦労のかいあって田んぼは黄金色に輝く

うに、法人経営ははたで見るほど楽ではない。

地域農業が衰退している。高齢化、後継者難、耕作放棄が深刻化し、足腰の衰えが目立つ。こうした状況に風穴を開けるためにも、人づくりを急がなければならない。平澤さんも人づくりの重要性は百も承知している。これまでもそういう思いを持って新たな戦力を育ててきた。しかし、法人の経営体力を考えると、簡単に人を雇い入れるわけにはいかない状況になりつつある。

社員一人を雇い入れるには、売り上げを伸ばさなくてはならない。既存の作物の経営規模を拡大するか、それとも新しい作物を導入するか——。いずれにしても、投資が必要になる。施設園芸をやるとすればハウスを造らなければならない。コメでやろうとすれば新たな機械の導入を求められる。平澤さんは「一人雇うのに二千万円くらいの初期投資が一般的に必要だと言われている」と話す。

それればかりではない。新たに雇い入れた社員の給与を払い、法人として利益を生み出すことが求められる。一人雇うのに最低でも年に二百万円はかかる。それが二年、三年たつと、二百五十万円、三百万円になる。これらを頭に入れると、給与の三倍程度の売り上げを新たに確保していかなければならない。平澤さんは「一千万円の売り上げ増を図らないと」と台所事情を明かす。

「企業は人なり」といわれるが、新しい人材を雇い入れ、一人前に育て上げるのは容易でない。農業生産法人ではそれが一般の企業以上に大変だとされる。当然のことながら、作物を育てる技術力をどう身に付けさせていくかも人材の育成には欠かせない。朝日池総合農場では、命の循環を大切にし、微生物を活用した「循環型農法」にこだわって作物を栽培、ニワトリを飼育している。

平澤さんはこう言う。「技術については個人差があるが、自分でリスクを負わなければならないとなると、人は本気になる。うまくいけばもうかるし、失敗すれば収入が二割も三割も落ちるからだ。技術を磨くには、先進農家を見て回る、書物をひもとく、インターネットを活用するなどの方法があるが、いろんな人に素直に話を聞きにいける人間力みたいなものがないといけない」。

「農業の素晴らしさが分かる人を育てたい」。農業への熱い思いを語り、次の世代を育ててきた平澤社長

農場だよりも休まず発行

朝日池総合農場が立ち上がって十八年がたつ。この農場が地域農業の機関車として大きな役割を果たしてきたのは間違いない。憲章で約束した「農場だより」も定期的に発行している。B４一枚の紙を仲立ちに、これまでに地域や消費者にどれだけのメッセージを発信してきたことだろう。その農場だよりも二〇〇九年十月発行の秋季号で百号となった。まさに「継続は力」である。

「祝！１００号　大地に感謝。太陽に、すべてに感謝です」と書かれた農場だよりは収穫の秋の喜びにあふれていた。「コシヒカリは本当に今年も粒張りがよく、光沢があり、美しい品種だなあ。汗だくの作業の中、袋の中へ仕上がっていくコメを見て、春からのスタッフ全員での苦労と喜びを実感しています」。

人づくりは一朝一夕でできるものではない。一農業生産法人では手に負えないこともあろう。しかし、農業の素晴らしさが分かる人を育てたいという平澤さんのような心優しき農業者がいてこそ、人づくりは進むのである。

やっとコメづくりの入り口に立てた

――朝日池総合農場・佐藤一茂さん――

上越市子安に住む佐藤一茂さんが「朝日池総合農場」に勤め始めたのは三年前の二〇〇七年四月のことだ。八年間にわたった地元のデパートでの勤めを辞め、畑違いの農業の扉を叩いてスタートした手探りの人生だ。

佐藤さんはサラリーマン家庭で生まれ育った三十一歳である。農業への強い思い入れや特別のこだわりがあって未知の世界に飛び込んだわけではない。職探しに行ったハローワークで朝日池総合農場の求人票を見つけ、興味を引かれて面接を受けた。そして研修期間もなしに社員として雇い入れが決まった。

デパート勤務で人間関係のわずらわしさを感じていたことも転身のきっかけの一つになったという佐藤さんだが、「ものづくり」には前から興味を持っていた。一つの作品や製品が「できる過程」を味わってみたいとの思いがあった。

デパートでは出来上がった商品、完成した製品を売るのが仕事だった。営業をし

朝日池
むら市場

ていたこともあり、当然のことながらそれなりの商品知識が求められた。器をつくったり、絵を描いたりしている人たちと接する機会もあった。そうした折に、山を描くにしても、晴れた日でないと駄目だとか、朝早い澄んだときでないといけないとか、作品が「できる過程」について作家たちから思いを聞いた。

こんな製作者の話に「面白そうだ。自分もそういう仕事をやってみたいな」という憧れが出てきて、次第に膨らんでいった。

コメや野菜を栽培する農業も収穫に至るまでの過程が厳しく問われる仕事である。過程に手抜きやミスがあると、いい作物は育たない。佐藤さんが興味を抱いた「一つのものができる過程」とこうした農業の仕事に、重なり合い、共鳴し合う何かがあっても不思議はない。「どうせやるならこれまでと違う仕事もいいかな」。佐藤さんはそんな思いを抱きながら、平澤栄一さんの下で多様な農業を展開する朝日池総合農場の扉を叩き、ゼロからの出発を始めた。

農場での仕事は主力作物であるコメの種まきの準備作業からスタートした。それから土づくり、田植えと休む間もなく作業が続く。夏の草刈り、そして秋の刈り取りと、言われたことをただひたすらこなす毎日だった。コメづくりの合間を縫って

11月、朝日池に雁がやって来るころ青大豆の収穫。休耕田の転作作物として無農薬で栽培している

農場の冬の収入を支える「こがねもち」。しそ、ごま、のり、よもぎ、豆など、種類も豊富にそろっている

ハウスで栽培されたトマトの収穫、パック詰め、配達も手伝った。コメの収穫が終わると、農場自慢の切りもちの製造が待っていた。

何しろやることすべてが初体験である。初めは何を言われているのか分からないこともあったが、分からないことは聞く、こう考えてひとつひとつ自分なりに仕事をこなしてきた。農業生産法人にはこの道のプロも少なくない。朝日池総合農場では栽培技術だけでなく、農業から生まれた生活の知恵も教わっている。「知らないことをいろいろ覚えられ、ありがたい」と佐藤さんは語る。

入って一年目は「あーやっと終わったか」

という感じが残っただけで、農業に思い入れを持つどころではなかった。それが一年の仕事の段取りが分かるようになり、自分で考えながらやれるようになってくると、達成感というか、これまでにはなかった農業への思い入れが生まれてくる。佐藤さんは「おれもやっとコメづくりの入り口に立てたかな」と思えるところまできた。

コメづくりは年に一度の勝負である。十年やっても十回の経験しかできない。しかも年によって天候も違う。そうした作物をつくる難しさの上に、それを売ってカネにしなければ、農業生産法人の経営も自分の生活も成り立たない。「農業は厳しい世界だと思う」と話す佐藤さんだが、それでも自身が農業の道を選んだことに「後悔はしていない」と言い切る。その顔にためらいはない。

農業は肉体的にきつい仕事だ。焼けるような暑い日でも、雨がたたきつけるような悪天候の日でも草刈りをしなければいけないことがある。田植えや刈り取りのときは休日もない。佐藤さん自身も腰を痛めたことがあったというが、いまは五ヘクタールの水田の水回りを任せられるまでになった。安全、安心でおいしいコシヒカリを食卓に届けたいとコメづくりに励んでいる。

朝日池総合農場の近くに農場直営の直売所「むら市場」がある。新米の季節にな

乳酸菌たっぷりの発酵餌と野菜を食べて育つニワトリは元気いっぱい。「この卵も農場の自慢です」と佐藤さん（左）。写真中央の桑原さんも非農家出身の新規就農者だ

ると、ここに佐藤さんたちが育てたコシヒカリが十キロ五千五百円で並ぶ。そんなに安くはないコシヒカリを手に取って買っていってくれる人を見るにつけ、「ありがたい」と思う。そして、生き物である稲の管理について「何事も適期を逃さずにタイミングよくやれるように力を磨きたい」と語る。

まだイネの生長を楽しむ余裕はない。「虫にやられていないな、順調に育っているな」とホッと胸をなでおろしている佐藤さんが、これから農業者の一人としてどのような成長を遂げていくのか、先が楽しみである。それは農業に欠かせない「ものができる過程」に興味を持ち、その過程を大切にしていきたいという思いを佐藤さんの言葉のはしばしに感じるからにほかならない。

佐藤さんは実家から車で三十分かけて仕事場に通っている。通常は朝八時から夕方五時半までの勤務となる。農業への強いこだわりを持って扉を叩くことがすべてではない。特別な思い入れを持たずに入っても、佐藤さんのように仕事を通して農業にやりがいを感じるようになる若者もいる。

佐藤さんはこれから新たに農業の道を進もうと考えている人たちにこう訴える。

「力み過ぎないこと、そしてあきらめないことが大切だと思う」。

野球チームのような農業を目指して

―新潟市江南区のエーエフカガヤキ―

大好きな野球に重ね合わせて

長芋の産地として知られる新潟市江南区沢海《そうみ》は、旧横越町にあって昔から畑作が盛んなところである。ここに拠点を構え、水稲と畑作の複合経営に取り組む有限会社「エーエフカガヤキ」は、いまから十八年前の一九九二年に設立された。代表取締役を務める立川幸一さんが三十九歳のときだった。

父親が病気に倒れ、農家を継いだ立川さんには、高校を卒業して会社勤めをしていたころから一つの思いがあった。それは「農業も野球のチームのようにやれないか」ということだった。当時は草野球のブームで、立川さんも「野球バカ」といわれるほど早起き野球などにのめり込んでいた。その大好きな野球に農業を重ね合わ

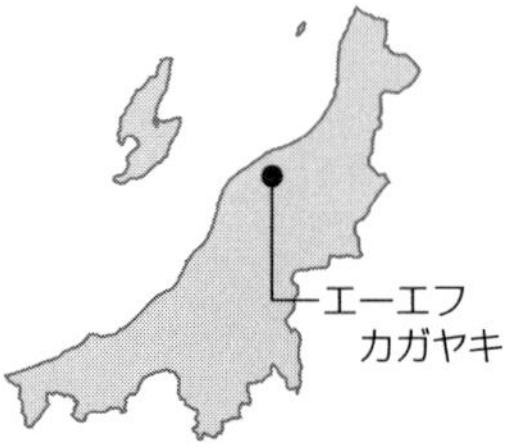

せてチームとしての農業の展開を思い描いていたのである。

プロ野球にはオーナーがいて、監督、コーチ、選手がいる。そして、多くのファンが支えている。二年間の会社勤めでチームとしての仕事の大切さを学んだ立川さんにとって、エーエフカガヤキは若いころから温めていた農業への思いを実現させる出発点であった。しかも、立川さんはエーエフカガヤキで農業以外の人が職業として農業を選択できる態勢をつくりたいと考えていた。

ほとんどが非農家の出身

立川さんは子どものころから自分の将来のレールが敷かれていることがイヤでたまらなかった。そうした思いの裏返しでもあったのだろう。「農家の長男は農家を継がなければいけない」という旧来の慣習を打ち破り、非農家の出身であっても農業がやりたい人が農業をやれる道を自らの手で付けたかった。立川さんがエーエフカガヤキの設立に乗り出した理由の一つもここにあった。

それがいま、大勢の「カガヤキファン」に後押しされ、年間売り上げが一億七千

エーエフカガヤキのスタッフの皆さん。立川社長の理想のもと、チーム一丸となってお客さまに喜ばれる商品づくりに励んでいる

五百万円に上るまでのチームに成長した。十五人の社員、パートで切り盛りする会社も非農家の出身者がほとんどを占め、農家出身は立川さんともう一人のわずか二人にすぎない。買いに来てくれる「ファン」の層の厚さといい、従業員として作物づくりなどに取り組む「選手」の顔ぶれの多様さといい、古い体質が残る農業の法人組織にあって、「異色のチーム」と言っていい。

エーエフカガヤキは、特産の長芋が十アール当たり百万円を超える収入をあげていた一九八〇年代に、化学肥料や連作障害の影響で「おかしくなり始めた畑の土」に危機感を抱き、堆肥づくりを目指して取り組みを進めた立川さんら「沢海土作り会」

のメンバーが中心となって立ち上げたものである。

会社の名前となったエーエフカガヤキの「エー(A)」は、農業のアグリカルチャーと品質に優れたA品の作物づくり、「エフ(F)」は家族のファミリーと未来のフューチャーを表している。そして、農業も家族も未来も「輝く」ようにとの願いを込めて「カガヤキ」と命名したという。問題は、いかにして輝きを放てる法人組織になっていくかだ。立川さんの手腕も厳しく問われた。

道のりは平坦ではなかった。スタート当初からピンチに見舞われた。主力作物として五ヘクタール規模で栽培していたチューリップの球根がオランダの輸出攻勢で値崩れを起こしただけではない。規模拡大を進めた長芋やゴボウも利益を出せず、赤字が積み重なっていった。「一年で千八百万円も赤字を出し、このままでは倒産するのではないかと思った」と立川さんは当時を振り返る。

一つの講演が大きな転機

転機になったのは、一九九五年に聴きにいった一つの講演だった。「企業は環境適応業だ。販売なくして事業なし」と訴える講師の話に、既存の流通ルートに頼って作物を出荷していた立川さんは目からうろこが落ちるような感覚にとらわれた。「この先生の教えを直接請わなければ」。こう思った立川さんは矢も楯もたまらず指導を頼み込むが、二百万円の指導料を求められた。

当時のエーエフカガヤキにそんな余裕はない。立川さんも思案に暮れた。そこで思いついたのが、ゴルフの会員権をヒントにした一口一万円の「友の会」の会員募集だった。エーエフカガヤキで栽培した農産物を定期的に届けることで会員になってもらおうというのだ。二百口集まれば指導料は払える。その会員募集が予想を上回る四百五十口にもなり、教えを請うことができた。

立川さんはエーエフカガヤキのいまがあるのは、このときの指導があったことが大きいと思っている。当時は売り上げにこだわりすぎていた。「一億円を稼ぐにはどうしたらいいのか」。そういう発想ですべてをやっていた。それが講師の指導、友の会の会員募集を通じて違った生き方があることに気付いた。そして「喜ばれるものをつくること」に生きる道を求め、方向転換を図った。

配達も営業も自分たちでやろうとなった。そうなればおのずと回れる地域も限られてくる。立川さんは「お客さんのターゲットを横越、亀田、新津、それに新潟市の石山、長潟など近隣に絞った。それが結果的によかったと思う」と語る。まさにいまでいうところの「地産地消」を十五年近くも前からエーエフカガヤキの生き方の基本に据え、実践に移してきたというわけである。

スタート当初の危機を何とか乗り切り、生き方を変えることで活路を見いだしたエーエフカガヤキは現在、水稲二十ヘクタール、水稲作業受託三十五ヘクタール、野菜八ヘクタールの経営規模を持つ。さらに、一九九九年に直売所「カガヤキ農園」を開設し、十キロ圏内に人口二十万人が暮らす「地の利」を生かして会社の年間売り上げの半分近い八千万円を稼ぎ出すまでに伸ばした。

ファン6万人に支えられ

直売所の営業は年間二百六十日を数える。エーエフカガヤキの農産物はもとより、地域の農家が栽培した採りたての野菜などが持ち込まれ、販売されている。農家が自分で値段を決め、売れ残ったら持ち帰る。農家は原則として売り上げの二割を手数料として納めることになっているが、開設当初は十人程度だった農業者の参加が現在では七十人ほどになり、買い物客も年間延べ六万人に上る。

この直売所は農家が手がけたものしか扱っていない。さまざまな業者から商品を置かせてほしいと話が持ち込まれるが、立川さんは「農家の所得向上のための直売所」との考え方を貫き通している。扱う商品も野菜を中心に年に二百五十品目はあるといい、半端ではない。中でもトウモロコシの人気は高く、トウモロコシと言えば「カガヤキ農園」のスイートコーンといわれるほどだ。

「特産の長芋のクリーニング作物として導入したトウモロコシがいまは主役になった」と笑う立川さん。最盛期は鮮度が命のトウモロコシをおいしく食べてもらおうと朝五時半から販売を始める。地の利に恵まれたとはいえ、従業員や買い物客の意見に耳を傾け、それを実行してきたからこそ、六万人もの「ファン」が訪れる直売所になったのではないか。そんな気がしてならない。

エーエフカガヤキを語る際に忘れてはならないことがもう一つある。それは有機農業に力を入れているということだ。有機農業の実践は立川さんが以前からこだわり続け、会社設立の動機にもなっていた。農薬と化学肥料を使わずに育てた有機栽

年間６万人もの買い物客が訪れるエーエフカガヤキの直売所。冬の間も新鮮な野菜を求めるお客さんでにぎわう

「農業をやりたい人が農業をやれるようにしたかった。これまでを振り返って、その夢はかなったと思う」。笑顔で語る立川社長

培コシヒカリは、立川さんの長年の思いが詰まったコメというだけではない。新潟県の標準と比べて農薬と化学肥料の使用量を半分以下に抑え、県の認証を受けた特別栽培コシヒカリの生産など「安全、安心」のコメづくりを進めるエーエフカガヤキにとって、なくてはならない「顔」でもあるのだ。

立川さんがこれまでの道のりを振り返りながらこう語る。「農業をチームでやりたい、この思いは達成できたと思っている。後継者問題も悩まないでいい。うちの会社は次の次の次くらいまで人が育っており、全く心配していない。財務も中小企業診断士の指導を受けながら赤字を絶対に出さないようきちんとやっている。会社を預かる者として給料日が怖いということもない」。

1年間の研修で見合いを

エーエフカガヤキのスタッフは確かに多様である。管理栄養士の資格や調理師の免許を持った人もいれば、英語に堪能な人もいる。「仮に私がプロ野球でいうオーナーだとすれば、監督は作物づくりを指揮する生産部長ということになるかな。彼は東京の大学を中退して県の農業大学校に入り直し、うちに入ってきたが、非農家の出身だ。うちでは十年選手になる」と立川さんは話す。

ただ、エーエフカガヤキの人づくりも順風満帆だったわけではない。中には、わずか半年ほどで辞めていった人もいた。「本人の資質というよりはこちらの受け入れ態勢が整っていなかったということ。教育する仕組みもなかったし、育てるステップも明確でなかった。ここにいても将来の希望が見いだせないと去っていった」と立川さん。こうした苦い経験が後々の人づくりに生きてくる。

◀6月下旬からエーエフカガヤキのスイートコーンの収穫が始まる。品種は「ゴールドラッシュ」が中心。最盛期には1日1万本も収穫し、販売する（写真：新潟日報社）

エーエフカガヤキは社員として正式に登用するまで一年間の研修期間を設けている。「一年間研修して会社も研修生もお互いによしとなれば正社員にする。半年もたてば農業に向いているかどうかは分かるから」。言ってみれば、一年間は「結婚するまでのお見合い期間」のようなものであり、研修生は先輩の手ほどきを受けながら農作業を手伝い、体で仕事を覚えていくことになる。

「基本は肉体労働。研修生は一カ月くらいは筋肉痛に悩まされる」と立川さんは笑うが、新たな人材を雇い入れるに当たって特別な物差しを使ったりはしない。人間としての常識、良識があり、健康であれば、農業の仕事はやっていけると考えている。ただ「できることなら若い人がいい」とも話す。一緒に仕事をしていて楽しい上に、いろんな意見を聞くことで刺激も受ける。

エーエフカガヤキの売り上げの八〇%は個人の顧客だ。残りは生協が一〇%、農協が一〇%となっている。立川さんは昨年二月まで新潟県総合生活協同組合の生産者協議会の会長を務め、消費者との連携の大切さを肌で感じてきた人でもある。立川さんらプロ農業者が消費者に手ほどきしながら、大型機械を使ってコメづくりを行う「農の学校　沢海塾」も連携の一つの試みといえる。

農の学校で感動を共有へ

三年目となった昨年はこの学校に九組が参加した。会社を定年退職した人もいれば、ばりばりの現役もいる。当然のことながら、消費者には自分で栽培したコメを自分で味わう喜びが待つ。「私たちが日ごろやっているような形でコメづくりを体験してもらえないかと始めた。日々の田んぼの管理や水回りも参加した人にやってもらい、私たちがフォローする形を取っている。苦労してつくったコメを味わうことの感動を共有できて本当に楽しい」と目を輝かせる。

直売所で「地産地消」を実践する。そして農の学校では「自産自消」のお手伝いをする。立川さんがエーエフカガヤキを拠点に進めてきたのは、地域との連携、消費者とのつながりを追い求めた取り組みでもあった。農業以外の人が農業をやれる環境をつくりたいというのも、固定観念にとらわれず、人との新たなつながりを探し続ける強い思いがあったからこそ実を結んだといえる。

エーエフカガヤキの売り上げは、少ない年で二、三百万円、多い年には一千万円ほど伸びているという。「独身者で年三百万円、妻帯者で五百万円、最低でもこれくらいの給料を出さないと安心して仕事に打ち込めない。会社を赤字にはしないが、利益が出れば新しい人を雇い入れたいと考えている。人間に投資したいというのが私の思いだ」。こう語る立川さんは、新潟県が新規就農を目指す人たちのために何年か前に出したパンフレット「あなたも新潟で農業をはじめませんか。――ニューファーマーの横顔――」に自らの思いを込めたメッセージを寄せている。

「農業法人にしたのは、従来の『農家の長男は農家にならなければいけない』鉄則を破り、農業以外の人も農業を職業として選択できる体制を作りたかったからですね。うちは仕事は農業だけど、システムは就業規則も労災もある普通の会社と同じ。ここでは北陸随一の長芋をはじめ、コメや野菜、花などの生産はもちろん、各種イベント、直売所もありますから、販売まで学べます。販売を手がけると、従来求められていた規格など流通側のニーズとは違う、消費者の本当のニーズも分かるんですよ。農業はすべて自分次第。夢も、やりがいもある、主体性のある素晴らしい仕事ですよ」。

農業がこれほど面白い仕事とは

―エーエフカガヤキ・渋谷和歌子さん―

充実した日々を送っているのだろう。人を真っすぐに見て受け答えする眼差しが輝いている。「エーエフカガヤキ」でコメづくりや野菜の栽培に取り組む渋谷和歌子さんは、管理栄養士の資格を持つ異色の女性ファーマーだ。農業の仕事に就いて五年、渋谷さんは「農業がこれほど面白いものとは思いませんでした。この道に入ってすごくよかった」と最高の笑顔を見せる。

新潟市北区、旧豊栄市のサラリーマン家庭で生まれ育ち、埼玉県坂戸市にある女子栄養大学を卒業した渋谷さんがエーエフカガヤキに研修生として採用されたのは二〇〇五年四月のことである。農業経験はないに等しかった。それでも「いい」といわれて入ることができた。渋谷さんは「農業をやりたい人にやらせたい、そんな社長の思いが伝わってきました」と当時を振り返る。

渋谷さんが農業に関心を持ち始めたのは、大学二年生のころからだ。それまで農業といえば、子どものころに母親の実家に田植えや稲刈りの手伝いに行ったことがある程度、関心はほとんどなかった。それが「農園通い」をきっかけに変わっていった。大学に農園があり、授業の一環で野菜を栽培したり、植物を育てたりしていくうちに、遠い世界にあった農業に興味を覚え始めたのだ。

「作物が育つ過程を知らずして栄養学は語れない」。農園での野菜づくりには、香川綾前学長のこうした考えが込められているといわれる。渋谷さんも当然のことながら、この農園に足繁く通うようになった。「植物のある環境、外での作業がとても好きになって」と渋谷さん。これまでとは違う「自分」を発見することができた農園通いがなければ、農業の扉を叩くこともなかったろう。

そんな渋谷さんも栄養士として働く道を考えなかったわけではない。就職活動もしていた。しかし、それにも増して強かったのが農業への募る思いだった。農園でやってきた農作業の楽しさが背中を押してくれただけではない。知り合いになった農家との交流も忘れられなかった。「食育」をテーマに埼玉県の小学校で児童と一緒に野菜づくりの授業をしたことも思いを駆り立てた。

さらに、大学四年のときに受けた「食料問題」の講義も農業を職業として意識す

長芋はエーエフカガヤキを代表する農作物。最後は１本ずつ丁寧に手で掘り出される

る大きなきっかけを与えてくれた。これらの思いが「自分も農業ができないだろうか」という糸に紡がれていった。最初は埼玉県の農業改良普及員に相談に乗ってもらった。埼玉県の農業生産法人の見学にも行ってみた。しかし、現実は甘くはなかった。経験や技術がないと受け入れは難しいというのだ。

それなら、農業をやれるところでやるしかない。渋谷さんは「全国どこへでも行こう」と考えていた。そんなときに、新潟県農林公社に勤める親戚から「新潟で法人も参加しての就農説明会がある。短期の体験研修を行うから来てみないか」との誘いを受けた。渋谷さんは迷うことなく参加した。その体験研修先が、渋谷さんの農業人生を切り開いてくれたエーエフカガヤキだった。

ただ、この年、エーエフカガヤキに新規採用の予定はなかった。体験研修が終わり、関係が途切れた。「どうやって就農活動をやろうか」。悩む渋谷さんは農林公社にいた親戚に相談してみた。そうすると「カガヤキは県内でもすごくいい法人だから」と勧められた。渋谷さんは新規募集をしていないのを承知で面接をしてくれるようお願いし、一年間は研修生ということで採用が決まった。

大学の同期生で農業の道に進みたいというのは、渋谷さん一人だった。友人も「本当にやっていけるの」と心配してくれた。両親も最初は首を縦に振らなかった。それでも決心は変わらなかった。だからこそ「農業をやれることが幸せ」と胸を張って言える二十七歳のファーマー、渋谷さんが存在する。

それにしても、人の出会いは不思議なものである。偶然とはいえ、渋谷さんとエーエフカガヤキの出会いには運命的なものさえ感じる。渋谷さんにとっては、経験も技術もない人間を受け入れてくれること自体が夢のような出来事だったに違いない。「こんなに恵まれた環境はないのでは」。そう思って大学に進学したころには想像もしていなかった「農業一年生」の道を歩み出した。

一年目の仕事は野菜、稲の播種作業から始まった。しかし、どうやって種をまけばいいのか、どうやって肥料をやればいいのか、全然分からなかった。先輩の後について手取り、足取り教えてもらいながら、作業をする日が続いた。「一年目はほとんど筋肉痛に明け暮れたような感じ」と笑う渋谷さん。「体力的には確かにつらかったが、そんなに苦にはならなかったですね」と語る。

生産部の一員としてコメづくりや野菜の栽培に取り組むいまは、もう体も慣れてくれた。農業機械はあまりいじらないが、一袋二十キロある肥料を二つ担いで畑にまいていく力仕事もこなしている。二〇〇九年からは田んぼの水回りも任されるようになった。野菜もトウモロコシ、長芋、里芋、キャベツ、ニンジンの栽培に取り組み、三月から十二月まで農作業に追われる日が続く。

「作物が目に見えて育っていくのが分かるんです。稲の穂がだんだん膨らんでくるとか、見ているだけで楽しい。一日一日と変化する、この変化がすごく面白いんです。社長に仕事は楽しくやれと言われるが、自分でもよくこういう仕事にめぐり

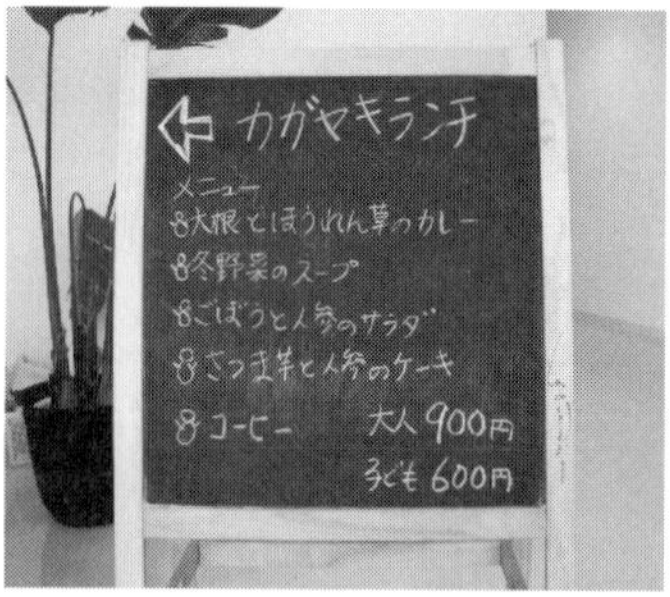

メニューは料理研究家の田淵展子さんと一緒に考える。この日のメインは「大根とほうれん草のカレー」

会えたなと思う」と話す渋谷さん。まるで水を得た魚のように生き生きとし、土をいじる手もごつごつした農業者の手になってきた。

取り組んでいるのは、コメや野菜の栽培だけではない。二〇〇八年二月からは新潟市の料理研究家田淵展子さんと二人三脚で「カガヤキ農園ランチ」をつくり、提供している。新潟市西区の住宅展示場を借りてのランチは、エーエフカガヤキで栽培されたコメと時節の野菜を使い、一食千円で提供しようというものだ。最近は月一回のペースで開かれ、四十食を出している。

田淵さんとメニューを考え、料理をつくる。管理栄養士の資格を持つ渋谷さんだからこそできる挑戦でもあろう。「社長からやりたいことはチャレンジしていいと言われているし、協力もいただいている」と渋谷さん。田淵さんら料理スタッフから学ぶことも多い。「野菜の見方、使い方一つとっても違うし、農業の世界に閉じこ

◀月に一度の「カガヤキ農園ランチ」。丹精込めて作った野菜をお客さまに振る舞う。「おいしいと言ってくれる笑顔が最高のプレゼントです」と渋谷さん

もりがちな交流関係が広がってすごく刺激になります」。

このランチは二〇〇七年に渋谷さんが試作した「おこわ」がきっかけとなって生まれたものだ。「おこわをつくったら、今度は味噌汁とおかずも付けて出したいねと話がどんどん膨らんでいって、ランチの提供になりました」と笑う渋谷さんが、これからの自らの課題の一つに挙げるのが農産加工である。「一つでもいいから確かなものをつくり上げたい」と新たな挑戦に意欲を燃やす。

子どもたちにも農業の楽しさを伝えていきたいと思っている。新潟市の小学校で出前授業を行い、冬野菜の大根と里芋の話をした。そのときにイチョウ切りにした生の大根を子どもたちに食べてもらった。「残す子どもがいると思っていたら、みんなきれいに食べて、大根ってこんなに甘いんだと言ってくれたんです」。こうした経験が渋谷さんを「農業メッセンジャー」へと駆り立てる。

ベテランの農家から「一生かかっても一人前になれない」という話を聞かされたことがある。まだいいものができる。もっともっといいものができる。こんな農家のひたむきな姿勢に渋谷さんも「本当にその通りだ」と自らに言い聞かせた。「私はまだまだ」と語る渋谷さんには一つの思いがある。「ずっと農業をやり続けていきたい。どんなにつらくとも、あきらめずにやろうと」。

　同世代の女性とは違う生き方を選んだことに悔いはない。「地域もカガヤキをすごく大事にしてくれているというのが伝わってきます」と渋谷さん。これから新たに農業を目指す人たちに「仕事として楽しいところがあるからつらさを乗り切ることができる。その楽しさを見つけてほしい」と呼び掛ける。農業という仕事にめぐり会えた渋谷さんの視線に曇りはない。

地域とともに生き、地域とともに伸びる

―村上市の神林カントリー農園―

法人立ち上げから四半世紀

稲作の大規模経営に取り組む農業生産法人「神林カントリー農園」は、日本穀物検定協会のコメの食味ランキングで最も評価の高い「特A」を取り続けている「岩船産コシヒカリ」の産地として知られる村上市の七湊にある。代表取締役の忠聡さんは、かつて㈳日本農業法人協会の副会長を務め、現在も協会の新潟県支部長として活躍する、この道のリーダーの一人である。

三人兄弟の長男として旧神林村の農家に生まれた忠さんが仲間と有限会社「神林カントリー農園」を立ち上げたのは、一九八四年の五月、二十九歳の時だった。あれから四半世紀の歳月が流れ、農園の稲作は六十六ヘクタールの経営規模を持つま

でになった。化学肥料と農薬を地域の使用水準から半分以上減らした特別栽培米のコシヒカリと切りもちを柱に、年間一億八千万円を売り上げる。

安定した収入を得てこそ

忠さんが法人化を目指した根っこには、子どものころから抱いてきた一つの思いがある。それは「日雇い仕事に出なければならないような農業は絶対にやりたくない」という思いだった。忠さんの家は二ヘクタールほどの田畑を耕して生計を立てていたが、みぞれが降り出すころになると両親が弁当を持って土木作業の日雇い仕事に出かけた。子ども心にそれがたまらなかった。

「雨の日でも吹雪の日でも仕事に出かける親の姿を見て育った。だから、農業をやるんだったら、農業で安定した収入、所得をきちんと得られる経営を実現したいとずっと思っていた」と忠さん。その思いは、長岡市の新潟県農業技術大学校を卒業後、二年ほど勤めた聖籠町の農協を退職し、実家に戻って農業の道を本格的に歩み始めたのをきっかけに現実のものとなっていく。

まず仲間と田植えなど稲作の作業受託を始めた。一九八一年にはライスセンターを建設し、機械施設利用型の生産組織へ進んでいった。さらに弥彦村にある「麓《ふもと》二区生産組合」の取り組みに学びながら、翌八二年には農産加工の切りもちの製造、販売をスタートさせた。こうした過程を経て立ち上げたのが、忠さんが子どものころから思い描いていた「神林カントリー農園」にほかならない。

法人化で水田の経営規模と切りもちの販路の拡大を目指しただけではない。家計と経営の分離による新たな農業経営のスタイルを法人化に求めたのだ。以来、カントリー農園は「たのしくつくると、おいしくなる」をモットーに取り組みを進めてきたが、カントリー農園の存在価値をここまで高めたのは、地域とともに生き、地域とともに伸びるという、そのスタンスにある。

共生型の法人を目指して

カントリー農園に限らず、多くの農業生産法人は地域の農家から田んぼを預かることで成り立っている。最大の経営資本であるその田んぼを預かるには、地域の信

神林カントリー農園付近の田んぼは１枚がおよそ５反（50アール）ほど。反当たりの収穫量はおよそ９俵という

頼と支持がなければならない。「利益だけを追い求める農業生産法人ではだめだ。得た利益をどう地域に還元していくのか。ここも問われている」。こう話す忠さんが目指してきたのは地域共生型の農業生産法人である。

「私の気持ちの中にこの地域を何とかしたいという郷土愛みたいなものがあるんじゃないかな。農業をすることで少しでも地域を元気にする。これが自分のできる一番の仕事ではないのかと思っている」と忠さん。一九八九年に直売所「おにおんぶるー」を店開きしたのも、地域の農家が少しでもお金が得られるような場づくりをしたい、そういう思いからだった。

　事務所の空き地を使って始めた直売所は、現在は近くにある公共施設の隣に移転し、百坪のパイプハウスに生まれ変わっている。直売所に野菜などを出している五十数戸は、その多くがカントリー農園に田んぼを貸したり、農産加工を手伝ったりしている農家の人たちである。直売所は野菜づくりに励む高齢者の「元気のもと」になっている。

　地域とともに生きる法人を目指したいとするカントリー農園の考え方は、人づくりにも現れている。一九九三年ごろから研修生の受け入れを始めたカントリー農園には、新潟県農業大学校からの紹介でやってくる若者もいれば、親の勧めで入ってくる農家の子弟もいる。時には、農業の仕事に就きたいという非農家出身の若者が自らの意思で飛び込んでくるケースもある。

　研修生の多くは、家業を継ぐ前に「他人の釜の飯を食ってこい」と言われてやってきた農家の子弟である。忠さんはこうした若者たちにカントリー農園が目指す新しい農業経営のやり方を何よりも実感してもらいたかった。さらに若者たちが父親の跡を継いで農業に就いたときにここで得た成果を何らかの形で発揮してもらえれば、こう思って研修生の受け入れを進めてきた。

もちろん、こうした研修生ばかりではない。十数年前には企業の内定通知を受けながらそれを取り消してカントリー農園の扉を叩いた若者を、一年の研修を経て社員として採用したこともあった。忠さんは「やる気は当然として、問題意識を持っている人間がいい。気付いた問題をどう解決していったらいいのか、常にそうした視点で考え、行動していく人間が欲しい」と語る。

地域で生まれ育った人を

ただ、そうした問題意識を持っている人間ならば、誰でもカントリー農園に雇い入れるということではない。忠さんには、地域で農業を始めるにしろ、農業生産法人に就職するにしろ、「その地域で生まれ育った人間がその地域を支える姿が一番望ましい」との強い思いがある。そうしたくともできない山深い地域があることも承知しながら、忠さんは生まれ育った地域にこだわる。

「私としては生まれたときからその地の空気を吸い、野山で遊び、知らず知らずのうちにその地になじんできた人間を基本的に雇い入れたいと思っている。もちろん、Uターンでもいい。この地域で生きていく地域の人間を一人でも二人でも増やしたいし、その仕事の場を提供するのも、農業の社会貢献の一つではないか」。忠さんは地域の人材にこだわる訳をこう話す。

カントリー農園は役員三名、社員・契約社員九名の総勢十二名で運営されている。役員、社員は、事務を担当する一人を除いて、ほとんどが農家の出身だ。サラリーマンなどからの転身組も五人を数える。地域と共生する法人でありたいという忠さんの考え方があってのことだろう。スタッフはいずれも県北の地で生まれ、土地のにおいを肌で感じながら育った人たちである。

忠さんは新たに雇い入れた人材を「体で覚えてもらうしかない」と先輩につかせる。季節ごと、作業ごとに先輩の仕事を見ながら体験してもらう。そういうやり方で新たな戦力を育ててきた。いま、カントリー農園ではスタッフが役割分担をしながら、コメをつくり、農産加工を手がけ、直売所を運営し、会員にコメを届ける仕事に懸命に取り組んでいる。

「自分たちの得たものを地域にいかに還元するか」。忠社長のビジョンの根幹には“地域”に対する強い思いがある

カントリー農園のライスセンター。水稲の作付けは「コシヒカリ」「こがねもち」「わたぼうし」を中心に60ヘクタール以上に及ぶ

作付規模が六十六ヘクタールを超え、経営の屋台骨を支える稲作は、環境に優しい「コシヒカリ」を二十三ヘクタールで栽培し、すべてを特別栽培米として販売しているだけではない。切りもちの加工用として「こがねもち」を二十ヘクタール、食品加工会社との契約栽培で「わたぼうし」を二十二ヘクタールの規模で作付けしながら、天候の異変などによる危険の分散を図っている。

農産加工の稼ぎ頭は、忠さんたちがカントリー農園を立ち上げる前から取り組んできた切りもちで

ある。年間六十トンほどの「こがねもち」を切りもちに加工し、「にいがた美人」の名で全国に販売している。取引先は有名デパートなど百業者ほどに上り、顧客への直売も四千人を数えるという。素材にこだわり、風味を生かした切りもちはカントリー農園の自信作でもある。

栽培したコシヒカリを定期的に家庭に届ける会員制の販売事業も顧客づくりにはなくてはならない取り組みだ。「太陽の里友の会」として募った会員に年十二回、もしくは六回のコメを宅配するこの取り組みは、十五年ほど前から始め、会員は関東地方を中心に三百世帯に上る。

土台あっての農業経営だ

ただ、カントリー農園にも苦しい時代がなかったわけではない。「立ち上げて十年くらいは経営が大変なときがあった」と振り返る。そうした時期に村上市の商工会青年部のメンバーと塩引き鮭を製造、販売する会社を新たに起こして失敗したことも忠さんを苦しめた。「新会社の代表になり、カントリー農園と二足のわらじを履いてやったが、負債を抱えて立ち行かなくなった」。

この失敗から忠さんは一つのことを学んだ。それは「自分で生産、製造したものを自信を持って売る、これが基本にないとだめだ」ということだった。「人がつくったものを、さもこれが自分の自慢の商品だというふうに売っても、やはりお客さまには気持ちがストレートに伝わらないのではないか」。こう語る忠さんは、いまも生産と製造という農業経営の土台づくりに心を砕く。

この土台づくりを支えるのが人にほかならない。忠さんも「人材は一番の経営資源だ」と話す。しかし、新潟県にある多くの農業生産法人は、ぎりぎりの状況で経営を切り盛りし、多くの人を雇えるほどの余裕がない。米価の低落など厳しい農業環境を考えると、先の見通しも立ちにくい。忠さんも昨年十一月のカントリー農園の機関紙「あさたちあおきよ」にこう書いている。

「これまでも農業の担い手づくりは、急を要することとして取り組んできました。昨今は景気低迷から失業者の増加で、農業界にも都会から就農者を受け入れるような支援も作られました。一時的に効果はあったと思いますが、農業現場で働くことの難しさは収入面で問題を残しています。安定した経営が確立されていないところ

羊がのんびり草を食むカントリー農園の直売所「おにおんぶるー」。開設期間は例年５～11月

「お盆休みには長蛇の列ができますよ」。店内は盆花や新鮮な野菜を求めるお客さんでいっぱい

に、安定した所得を得ることは不可能に近いのではないでしょうか」。

専門的な人材を即戦力で

新規就農者が育ち上がるには、少なくとも三年、場合によっては五年の月日がかかるという。そのためには、三年先、五年先に人件費の三倍くらいまで稼げるというメドが立たなければならない。コメで言えば、この間に「経営規模を五ヘクタール純増できる見込みが立てられるかどうかだ」と語る。

新たな作物に挑戦して売り上げを伸ばす手もあるが、技術も販路もない状況で設備投資までして立ち上げるとなると先が大変だ。しかし、そうしたリスクを承知で冒険をしないと、人材も入ってこないし、経営の拡大も期待できないとの指摘も一方である。忠さんは「ここは迷いどころだが、技術も販路もない状況で設備投資まですするのは、相当に慎重にかからないとだめだ」と語る。

全国には農産物の直売所にとどまらず、食事のとれる店まで展開して売り上げを伸ばしている農業生産法人もある。そういう法人にはこれまでなら農業の世界では考えられなかったような人材が入ってきている。忠さんはこれを見て「農業生産法人が事業をさらに展開していく場合、自分の経営にないような専門的な人材を即戦力として活用することもありだなと思った」と話す。

そして、これからの農業生産法人に求められているのは、むしろ展開する事業に対応できる専門的な人材を掘り起こすことではないのかとも思い始めている。そんな忠さんにとって、気がかりは企業のような人材育成プログラムが農業生産法人に蓄積されていないことだ。「一世代立ち上がり組」がほとんどを占める農業生産法人

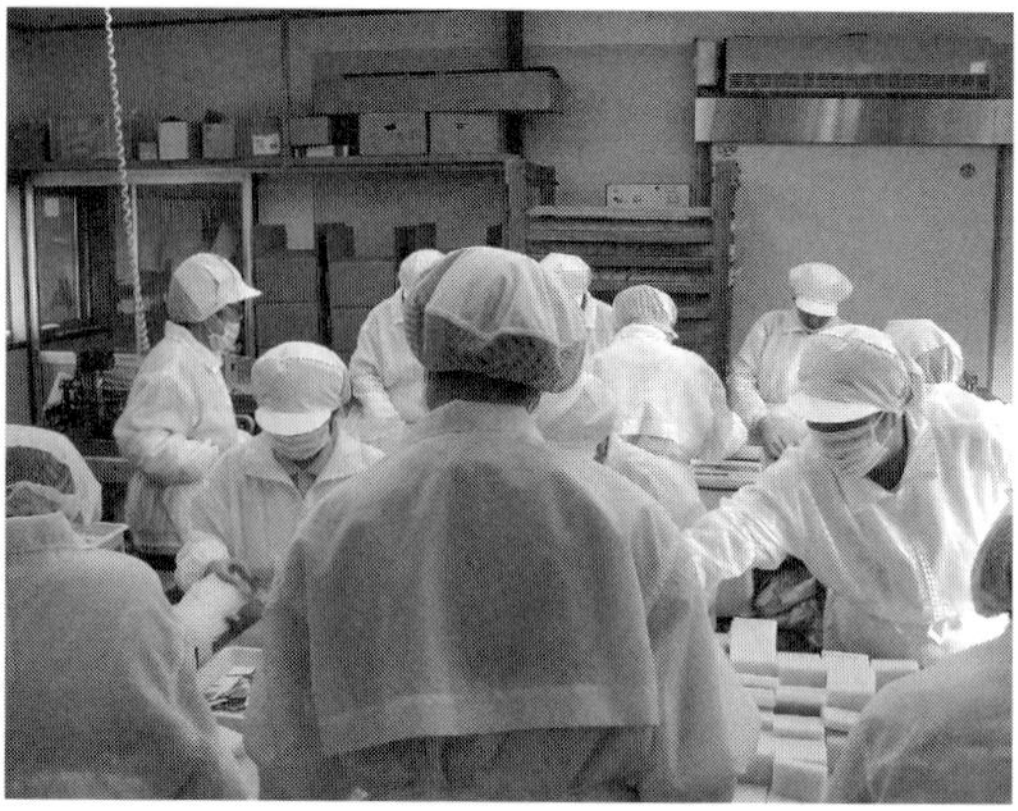

12月、主力商品の切りもち「にいがた美人」の生産はピークに。地元のお母さんたちが大活躍

の泣きどころともいえるが、このままでいいはずがない。

「法人に入って一年、二年では経営哲学やノウハウは学べない。三年、五年でも恐らく無理だと思う。きちっとした人材を育てるためにも、日本農業法人協会としてプログラムをつくらないと」と訴える忠さんも五十五歳になった。仲間と苦労して育て上げてきたカントリー農園の経営を誰に託すか——。忠さんは「後継者を早く定め、位置付けをしてやらないといけない」と胸の内を語る。

仕事はコメづくりにとどまらず

―神林カントリー農園・大田政和さん―

村上市と合併した旧朝日村の農家の長男として生まれた大田政和さんが「神林カントリー農園」で働き始めたのは、いまから十年前の二〇〇〇年三月、三十歳の時だった。新潟大学農学部畜産学科を卒業後、働きながら公務員を目指して勉強をしていたという大田さん。カントリー農園での十年はそれまでとは違った生き方を追い求める自分なりのチャレンジだったともいえる。

きっかけは、新潟県が主催する新規就農研修会。見学に訪れたカントリー農園で「社員募集」という一枚の紙を渡された。「とにかく地元で暮らしたい」。農業に強いこだわりを持っていなかった大田さんは、「結婚したばかりだったし、月々の給料がもらえる仕事に就きたい」とカントリー農園への就職を選んだ。家を継ぐという選択肢もあったが、「父親がまだ元気で百姓をやっており、実家の農業は父に任せ切りだった。実家の農業を継ぐというイメージが持てなかった」と振り返る。

お客さまから届いたお礼の手紙を読み返す大田さん。「おもちはやっぱりカントリーのが一番！」。こうしたエールが一番の励みだという

大田さんは中学、高校時代、野球に明け暮れる日々だった。稲作と酪農に取り組む農家で育ったとはいえ、農作業の経験がそれほどあるわけではなかった。カントリー農園で働き始めたころは、農業に関しては素人も同然だったという。それでも仕事が苦になることはなかった。「先輩がいっぱいいて、教えてもらいながら楽しくやらせてもらってきたので十年続いている」と笑う。

大田さんの言葉を借りるまでもなく、農業生産法人の強みの一つは支え合える仲間がいることだ。さまざまな経験を共有できるだけではない。分からないときは教えを請い、技術やコツを伝授してもらえる環境も整っている。「カントリー農園に入らずに、もし自分一人で農業をやっていたら、うまくいっていただろうか」。こう語る大田さんにとって、カントリー農園はかけがえのない存在だった。

一から教わったコメづくりも「ある程度はできる」ようになった。この十年で命を育む農業の仕事が「きらいじゃない」と得心した。人が誰しも持っている「育て

る喜び」も実感した。外に出て汗びっしょりになって農作業をしているときに、吹き抜ける風の心地良さも格別である。「こういう仕事にたずさわっている人にしかこの心地良さは分からないのではないか」と話す。

カントリー農園の自慢の一品に自然乾燥の「はさがけ米」がある。大田さんは秋の収獲の前に専務と二人で田んぼにはさを立てる。天日干しされるのは、およそ三十アールのコシヒカリだ。「はさがけ米はインパクトがあり、それなりの固定客がついて完売している」と大田さん。ただ、農園の屋台骨を支えるコメも現在の商品構成のまま売り上げを伸ばしていくのは容易ではない。いまやっている特別栽培米のほかに、将来的に農薬と化学肥料を使わない有機米の栽培も法人として手がけることができれば…。そんな思いも大田さんにはある。

大田さんのこれからの課題はコメづくりの技術を磨くことである。「本人に意欲がなければ技術は身につかない」という代表取締役の忠聡さんの言葉をどう受け止め、行動に移していくか。天候に左右されるコメづくりの奥は深い。大田さんにはこれからも試練の日々が続くことになるが、技術を自分のものにしてこそ、次代を背負って立てるようなコメづくりのプロになれる。

仕事はコメづくりにとどまらない。催事に出掛け自ら商品を売ることもある。事務作業を手伝うこともある。広報も大切な仕事だ。大田さんはカントリー農園の考え方や取り組みを伝える機関紙や友の会だよりの製作も任されている。農産物を生産し、それを販売することで成り立っている農業生産法人にとって、情報の発信は生産者と消費者をつなぐ命綱と言っていい。大田さんは機関紙やたよりの中身を考え、編集して情報として届ける、いわば「農園のメッセンジャー」でもある。

機関紙「あさたちあおきよ」は、年一回の発行で四千部を製作する。友の会だよりは、コシヒカリを定期購入している「太陽の里友の会」の会員三百世帯に送るA4一枚のミニ情報紙で、こちらはコメを宅配する際に一緒に入れて会員に読んでもらっている。大田さんが前任者に代わって友の会だよりを任されたのが二〇〇六年三月号というから、もう丸四年がたったことになる。

「最初のころはそれほど重く受け止めていなかったが、年を追うごとに情報を発信することの重みを感じるようになった。農園のお客さまに会社の思いや自分の思いをどう伝えるか、ここが非常に大切だと思っている」と話す大田さん。二〇一〇年一月号の友の会だよりには「今年も『農園コシヒカリ』の充実に心血を注ぐ覚悟

稲穂を稲架（はさ）という木で組んだ棚に掛け、太陽の
光と秋風で自然乾燥させる。懐かしい新潟の原風景だ

です」と書き記し、自らを奮い立たせている。

友の会だよりに載せるスナップ写真にも心を配る。デジタルカメラを持ち歩いて仕事の状況や田んぼの風景を収めているだけではない。時には村上市の自然や祭りなどをあしらって地域の素晴らしさを伝えている。「都会の人たちにこちらのことも知ってもらいたいし、情報発信には自分の思いが伝えられる楽しみもある」という大田さんにとって、会員からの手紙は何よりの励みだ。

大田さんは旧朝日村黒田の家で両親、妻、子ども二人と暮らし、車でカントリー農園に通っている。酪農は十五年ほど前にやめたが、家ではいまも四ヘクタールを超える田んぼでコメづくりなどに取り組んでいる。大田さんも四十歳、将来の身の振り方について考え始めてはいる。ただ、カントリー農園という「農業共同体」に持ち続けている深い思いはいまも変わっていない。

「秋の収穫をして新米をお客さまに送るときが一番うれしい」という大田さん。確かに月々の収入が安定していることも農業生産法人で働く魅力の一つではあるが、大田さんがこの十年で得たのは、お金で買うことができない「人生の財産」ともいえるものだった。「農業はやりがいのある仕事だと思う」。自らこう言い切れる生き

〈参考〉農業法人が求める職種・作業から見た新規就農

近年では独立経営だけでなく、農業法人への就農というスタイルも定着しつつある。図の棒グラフは、農業法人が新しく採用した社員に担ってもらいたい職種を表したもので、2002年と2008年の調査結果を比較している。「農業生産」の数字は変わらず80％以上と高いが、「営業・販売」など生産以外の３部門も伸びを見せた。農業法人では今、多様な働きが求められているといえよう。

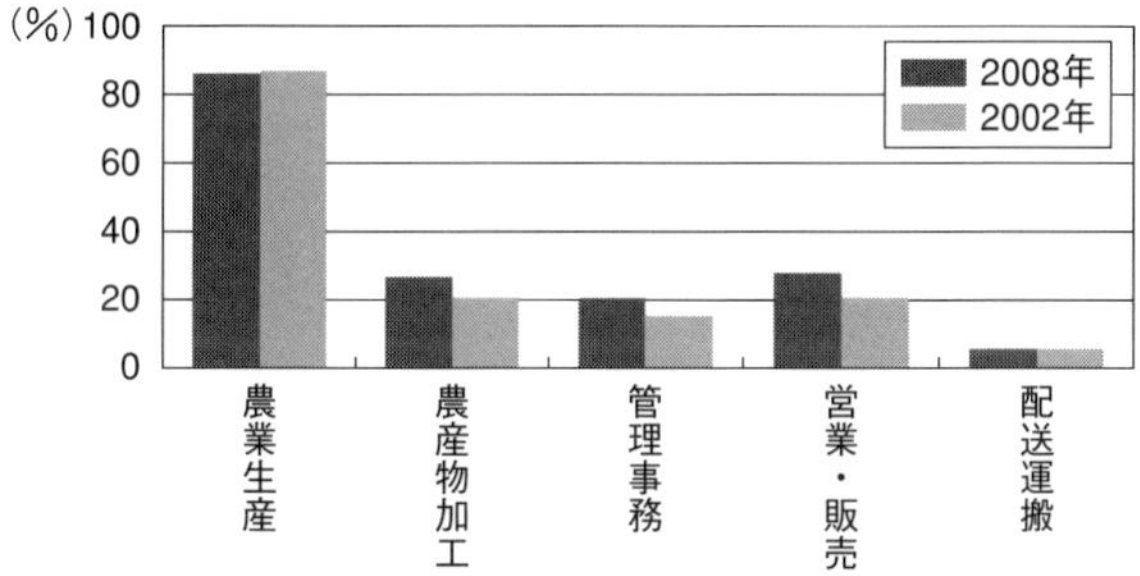

※アンケート調査は2008年、農林水産政策研究所とともに全国農業会議所が実施
※出典：全国農業会議所発行『iju info No.13 2009年春号』

方を掘り当てたことこそが、その証しであろう。

大田さんは友の会だよりを初めて手掛けた二〇〇六年三月号で「一年に一度の米づくりがスタート。これから約七カ月かけた新たなる長編ドラマの始まりです。その過程は随時報告していきます」と綴った。二〇一〇年はどんな長編ドラマが生まれるのか。「コメだけでなく新しいものも取り入れていければ」。大田さんはこんな思いを抱きながら今年もコメづくりに取り組む。

資料編②

新潟県の主要作物の生産概況

作物名		区分	新潟県	全国	全国シェア	全国順位	1位都道府県名
稲	水稲	作付面積(ha)	116,900	1,624,000	7.2	1 (1)	新潟県
		収穫量(t)	644,100	8,815,000	7.3	2 (1)	北海道
麦類	六条大麦	作付面積(ha)	432	16,900	2.6	8 (7)	福井県
		収穫量(t)	1,130	56,000	2.0	10 (10)	福井県
豆類	大豆	作付面積(ha)	7,320	147,100	5.0	7 (7)	北海道
		収穫量(t)	13,100	262,100	5.0	6 (7)	北海道
いも類	ばれいしょ	作付面積(ha)	904	84,500	1.1	9 (9)	北海道
		収穫量(t)	17,000	2,828,000	0.6	10 (9)	北海道
野菜	だいこん	作付面積(ha)	1,609	37,200	4.3	6 (6)	北海道
		収穫量(t)	53,420	1,625,400	3.3	8 (8)	千葉県
	秋冬さといも	作付面積(ha)	690	14,100	4.9	4 (5)	千葉県
		収穫量(t)	7,940	173,200	4.6	6 (6)	千葉県
	ねぎ	作付面積(ha)	771	22,590	3.4	6 (6)	千葉県
		収穫量(t)	14,649	495,200	3.0	6 (7)	千葉県
	夏秋なす	作付面積(ha)	702	9,470	7.4	1 (1)	新潟県
		収穫量(t)	9,130	229,800	4.0	5 (5)	茨城県
	トマト	作付面積(ha)	472	12,700	3.7	7 (7)	熊本県
		収穫量(t)	12,300	750,300	1.6	18 (18)	熊本県
	えだまめ	作付面積(ha)	1,510	12,800	11.8	2 (1)	山形県
		収穫量(t)	5,870	71,400	8.2	3 (4)	千葉県
	すいか	作付面積(ha)	663	12,600	5.3	4 (4)	熊本県
		収穫量(t)	20,000	421,600	4.7	8 (6)	千葉県
	きゅうり	作付面積(ha)	545	12,800	4.3	6 (6)	群馬県
		収穫量(t)	12,100	639,800	1.9	18 (16)	群馬県
果樹	ぶどう	結果樹面積(ha)	347	18,600	1.9	12 (12)	山梨県
		収穫量(t)	3,440	209,100	1.6	12 (14)	山梨県
	日本なし	結果樹面積(ha)	526	14,600	3.6	9 (9)	千葉県
		収穫量(t)	14,600	296,800	4.9	7 (7)	千葉県
	かき	結果樹面積(ha)	796	23,200	3.4	9 (9)	和歌山県
		収穫量(t)	10,400	244,800	4.2	8 (7)	和歌山県
	もも	結果樹面積(ha)	256	10,200	2.5	7 (7)	山梨県
		収穫量(t)	2,820	150,200	1.9	7 (7)	山梨県
	西洋なし	結果樹面積(ha)	93	1,740	5.3	4 (4)	山形県
		収穫量(t)	1,600	29,600	5.4	4 (4)	山形県

作物名		区分	新潟県	全国	全国シェア	全国順位	1位都道府県名
花卉	ユリ切花	作付面積（ha）	148	861	17.2	1 (1)	新潟県
		出荷量(千本)	17,600	170,300	10.3	3 (3)	埼玉県
	球根類	収穫面積（ha）	179	564	31.7	1 (1)	新潟県
		出荷量(千球)	31,000	167,700	18.5	2 (2)	鹿児島県
鉢もの類	花木類	作付面積（ha）	90	440	20.5	1 (1)	新潟県
		出荷量(千鉢)	11,800	50,200	23.5	1 (1)	新潟県
工芸作物	葉たばこ	収穫面積（ha）	733	17,669	4.1	10 (10)	宮崎県
		販売量（t）	1,657	37,803	4.4	10 (9)	熊本県
畜産	乳用牛	飼養戸数（戸）	348	24,400	1.4	20 (20)	北海道
		飼養頭数（頭）	11,100	1,533,000	0.7	24 (24)	北海道
	肉用牛	飼養戸数（戸）	341	80,400	0.4	28 (28)	鹿児島県
		飼養頭数（頭）	12,400	2,890,000	0.4	36 (36)	北海道
	豚	飼養戸数（戸）	191	7,230	2.6	11 (11)	鹿児島県
		飼養頭数（頭）	212,600	9,745,000	2.2	17 (16)	鹿児島県
	採卵鶏(種鶏を除く)	飼養戸数（戸）	51	3,300	1.5	25 (25)	愛知県
		飼養羽数(千羽)	6,635	181,664	3.7	9 (11)	千葉県

資料：農林水産省「面積調査及び作況調査」「野菜生産出荷統計」「果樹生産出荷統計」「花き生産出荷統計」「畜産統計」、全国たばこ耕作組合中央会「葉たばこ販売実績」

注：1　稲、麦類、豆類、畜産は平成20年数値
2　いも類、野菜、果樹、花卉、花木、工芸作物は平成19年数値
3　数値は速報値
4　全国順位の（　）は前年順位

2006年▶2012年　にいがた農林水産ビジョン　指標項目・目標値と進捗状況

位置付け 「政策目標」→成果指標 施策指標	ビジョン作成時現状（直近年）	平成19年（達成率%）	平成20年（達成率%）	中間年（平成20年）	目標年（平成24年）
第１　安全・安心で豊かな食の提供					
特別栽培農産物等面積（ha）	6,259 （平成16年度）	34,154 （120）	53,147 （152）	35,000	55,000
エコファーマーの確保数	500 （平成16年度）	9,906 （472）	11,751 （107）	11,000	16,000
第２　産業として成り立つ魅力ある農林水産業の実現					
「担い手の育成」→ １経営体当たりの売上額（万円）	2,200程度 （平成16年度）	2,376 （99）	－ （－）	2,500	2,700 程度
カロリーベース自給率（%）	89 （平成16年度概算値）	－ （－）	－ （－）	104	109
生産額ベース自給率（%）	131 （平成15年度確定値）	－ （－）	－ （－）	132	139
新潟米の産出額シェア（%）	8.9 （平成16年度）	9.0 （94）	－ （－）	10.0	10.3
ブランド農林水産物の産出額（億円） （えだまめ、いちご、西洋なし、ユリ切り花、にいがた和牛、佐渡寒ブリ、南蛮エビ、ヤナギガレイ、越後杉ブランド）	116 （主に平成16年）	126 （100）	－ （－）	134	141
農地面積　（ha）	177,100 （平成17年）	176,400 （101）	175,800 （101）	174,400	170,700
うち水田面積（ha）	157,300 （平成17年）	156,600 （100）	156,000 （100）	155,700	152,900
うち畑面積（ha）	19,700 （平成17年）	19,800 （104）	19,800 （105）	18,800	17,800
畑作可能な水田の割合（水田汎用化率）（%）	40 （平成16年）	41 （98）	－ （－）	42	46
経営体数	2,502 （平成16年）	3,011 （58）	－ （－）	6,000	10,000
うち個別経営体	2,390 （平成16年）	2,711 （60）	－ （－）	5,200	9,000
うち組織経営体	112 （平成16年）	300 （46）	－ （－）	800	1,000
★新規就農者数（年間確保数）	187 （平成16年）	186 （66）	182 （65）	280	280
新規漁業就業者数（中核的漁業年間確保数）	19 （平成16年）	24 （80）	23 （77）	30	30
経営体耕地面積シェア（%） ※経営体候補である認定農業者等の面積を含む	※41 （平成16年）	18.9 （41）	－ （－）	48	65
水稲生産コスト低減（５ha以上層）（円/10a）	89,302 （平成16年）	77,267 （－）	－ （－）	80,000	68,530
粗飼料自給率（%）	39 （平成16年）	39 （81）	41 （79）	52	60
間伐整備率（%）	38 （平成16年）	46 （105）	－ （－）	46	52
県産材供給率（%）	20.1 （平成16年）	21.2 （79）	－ （－）	28.0	34.0
第３　多面的機能を発揮する農山漁村の維持発展					
「優れた資源を活かした交流の推進」→ 学童等体験活動参加者数（グリーン・ツーリズム誘客数）	87,418 （平成16年度）	123,306 （122）	－ （－）	110,000	130,000
中山間地域（直払地域）の稲作生産組織数	239 （平成16年）	442 （105）	－ （－）	500	600
なりわいの匠の認定	－	1,313 （88）	1,854 （93）	2,000	2,400
バイオマスの利用量（千ｔ）	2,050 （平成17年）	2,153 （104）	2,144 （102）	2,096	2,197
（利用率：%）	63	67 （100）	67 （97）	69	75
農村地域生活アドバイザーの認定数	987 （平成17年）	1,026 （97）	1,041 （95）	1,100	1,200

★新潟県では「新規就農者」＝「15歳以上42歳以下」としています。

新潟県における新規就農者数の年次推移

(単位：人)

	新規学卒就農者										Uターン就農者		新規参入		農業法人等就業者		合計	
	中卒		高卒		農大卒		短大・四大卒		計									
	平場	中山間	平場	中山間	平場	中山間	平場	中山間	平場	中山間	平場	中山間	平場	中山間	平場	中山間	平場	中山間
平成7年	6		63		21		9		99		25		1		10		135	
	4	2	55	8	18	3	5	4	82	17	20	5	0	1			—	—
平成12年	2		41		23		10		76		80		16		36		208	
	1	1	25	16	17	6	9	1	52	24	54	26	0	16			—	—
平成17年	3		35		22		7		67		83		12		27		189	
	2	1	25	10	13	9	4	3	44	23	54	29	3	9			—	—
平成18年	3		28		27		17		75		76		9		30		190	
	0	3	20	8	20	7	10	7	50	25	34	42	1	8	22	8	107	83
平成19年	2		28		19		15		64		75		7		40		186	
平成20年	1		33		15		12		61		79		4		38		182	

資料：「新潟県農林水産部経営普及課調査」、「学校基本調査」

注：1　調査対象期間は1月1日から12月31日まで

2　中卒は第1次産業就業者数、その他の学卒者は就農者数をカウント

3　15歳以上42歳以下をカウント

4　「平場」は「都市的地域」と「平地農業地域」、「中山間」は「中間農業地域」と「山間農業地域」

農業法人等就業者の出身別内訳

(単位：人)

	平成7年	平成12年	平成17年	平成18年	平成19年	平成20年
法人就業者合計	10	36	27	30	40	38
農家子弟	9	15	18	21	31	24
非農家出身者	1	21	9	9	9	14

資料：「新潟県農林水産部経営普及課調査」

〈参考〉新規就農者における非農家出身者の占める割合

平成7年　新規参入1名＋法人非農家出身1名＝2名／135名（1.5%）
平成12年　新規参入16名＋法人非農家出身21名＝37名／208名（17.8%）
平成17年　新規参入12名＋法人非農家出身9名＝21名／189名（11.1%）
平成18年　新規参入9名＋法人非農家出身9名＝18名／190名（9.5%）
平成19年　新規参入7名＋法人非農家出身9名＝16名／186名（8.6%）
平成20年　新規参入4名＋法人非農家出身14名＝18名／182名（9.9%）

＊新規参入者

新規就農者のうち、農家子弟などを除く、まったくゼロから農業を始めた人

新潟県の主な作目（品目・作型別）における10a（1,000㎡）当たりの経営試算

水稲

作付規模	物財費（千円）	労働費（千円）	生産費（千円）	収　量（Kg）	粗収益（千円）	所　得（千円）	労働時間（時間）
0.5ha（50a）未満	115	53	167	493	118	3	38
2～3ha	68	40	107	553	131	57	28
5ha以上	59	21	77	531	126	48	14

・物財費

農産物を生産するために消費した流動財費（肥料代や農薬代、光熱費など）と固定財（建物や農機具）の減価償却費の合計。

・生産費（副産物価額差引）

農産物の生産に要した費用合計（物財費＋労働費）から副産物価額（稲わら、もみがら、くず米など）を控除したもの。

・粗収益

主産物価額（米）に副産物価額を加えたもの。

＊資料：北陸農政局新潟農政事務所統計部「平成19～20年度新潟農林水産統計年報」から抜粋

＊＊注意：この表における「所得」は「粗収益－生産費」ではありません

園芸作物

	品目名	露地／施設	収　量（kg（本））	粗収入（千円）	経営費（千円）	所　得（千円）	労働時間（時間）	対象地域	備　考
野菜	トマト 半促成無加温	施　設	8,000	1,709	1,050	659	860	小雪平坦地	
	トマト 抑制	施　設	6,000	1,531	916	615	600	小雪平坦地	
	中玉トマト 夏秋雨よけ	施　設	5,500	2,559	1,556	1,003	690	県内全域	
	きゅうり ハウス半促成	施　設	12,000	2,481	650	1,831	830	小雪平坦地	
	きゅうり ハウス抑制	施　設	6,000	1,257	726	531	440	小雪平坦地	
	いちご 促成	施設（高設）	4,520	4,997	2,007	2,990	1,460	小雪～中雪平坦地	
	メロン ハウス抑制	施　設	3,000	936	493	443	460	小雪～中雪平坦地	
	なす 露地早熟	露　地	7,000	1,844	691	1,153	712	小雪平坦地	
	ねぎ 秋冬	露　地	3,500	814	435	379	349		
	にんじん 秋どり	露　地	3,800	295	264	31	29	県内全域	機械化一貫体系
	えだまめ 露地直まき	露　地	400	249	157	92	51	県内全域	機械化一貫体系
	さやいんげん 夏まき	露　地	900	509	232	277	254		
	スイートコーン マルチ	露　地	1,400	278	183	95	71	小雪地域	

	品目名	露地／施設	収　量 (kg(本))	粗収入 (千円)	経営費 (千円)	所　得 (千円)	労働時間 (時間)	対象地域	備　考
花卉	チューリップ切花 土耕栽培(12月、3月出荷)	施　設	102,000	6,533	4,569	1,964	920	小雪平坦地	
	ＬＡユリ(スカシユリ)切花 露地雨よけ(季咲き＋簡易抑制)	露　地	24,300	1,837	1,293	544	476	中山間地	
	オリエンタル系ユリ切花 露地雨よけ(季咲き＋簡易抑制)	露　地	9,450	4,167	2,813	1,354	998	中山間地	
	ストック切花 10〜12月出	施　設	20,000	1,470	638	832	67	小雪平坦地	
	パンジー鉢苗 10〜11月出荷	施　設	50,000	2,625	1,756	869	490	県内全域	水稲育苗施設利用
果樹	かき 露地立木	露　地	2,000	431	271	160	165	県内全域	積雪150cm以下
	ブルーベリー 露地立木	露　地	800	1,747	112	1,635	695	県内全域	積雪150cm以下
	いちじく 露地	露　地	1,900	984	266	718	294	県内全域	

＊資料：新潟県農林水産部「園芸作物の品目別・作型別経営試算表」より抜粋

＊＊農業機械、施設・設備の費用は経営規模で異なるため、別途試算を行う

新潟県で受けられる新規就農者への支援制度

(1) 就農支援資金

		就農研修資金			就農準備資金	就農施設等資金
内　容		教育機関や先進農家等における研修費用			就農準備に必要な費用	経営開始に必要な施設等の購入費用
		研修教育 施設研修	農家研修 海外研修	指導研修		
貸付限度額		**月５万円**	**月15万円**	**１回 200万円**	**１回 200万円**	**青　年　3,700万円 中高年　2,700万円** ※青年2,800万円、中高年1,800万円を超える部分は事業費の1/2以内
貸付利率		無利子	無利子	無利子	無利子	無利子
貸付期間等	青　年	４年以内	２年以内	１回限り	１回限り	就農後　５年以内
	中高年	１年以内	１年以内		１回限り	就農後　５年以内
償還期間	青　年	12年（据置４年以内）				12年（据置５年以内）
	中高年	７年（据置２年以内）				12年（据置５年以内）
貸付機関		青年農業者等育成センター				青年農業者等育成センターおよび融資機関

※青年は15歳以上40歳未満、中高年は40歳以上55歳未満（知事特認の場合は65歳未満）

(2) 新規参入者経営安定資金

区　分	内　容
貸付対象者	認定就農者（新規参入者に限る）で経営開始後３年以内の者
資金使途	農業経営を安定させるために必要な経費・生活資金（家賃、種苗費、肥料・農薬費、農業資材費等）
貸付利率	無利子
償還期間	12年以内（うち据置期間７年以内）
貸付限度額	360万円

認定就農者とは…

新たに就農しようとする青年等が作成した将来の経営構想や就農後の目標、それに向けた研修等を記載した就農計画について、県知事が認定を行い、その認定を受けた人を認定就農者といいます。

就農支援資金を借り受けたり、支援事業を受けたりする場合、認定就農者として認定されていることが必須条件です。

(3) 農業改良資金

区　分	内　容
貸付対象者	認定農業者、認定就農者等
資金使途	施設・農機具等の改良、造成または取得に必要な資金。永年性植物の植栽または育成に必要な資金。 家畜の購入または育成に必要な資金。 農地等の排水改良、土壌改良、その他作付条件に必要な資金等。
貸付利率	無利子
償還期間	12年以内（うち据置期間５年以内）
貸付限度額	1,800万円
貸付率	認定農業者100%、認定農業者以外80%

※新たな生産方式の導入等、農業改良措置に該当する必要があります。

(4) 県農林水産業総合振興事業

新規就農者支援

ア．利用権設定促進（農地を借りる場合の地代の補助）

　上限面積（田５ha、畑３ha)、補助率５/10以内

　・新規参入者（45歳以下）…助成額５年分

　・新規参入者（46歳以上～54歳以下）…助成額３年分

　・農家出身者（54歳以下）…助成額３年分

イ．資本装備支援（機械・施設整備をする場合の補助）

　45歳以下で認定就農者に認定された人で事業費は100万～750万円

　・新規参入者…補助率　機械整備５/10以内、施設整備５/10以内

　・農家出身者…補助率　機械整備１/３以内、施設整備５/10以内うち機械１/３以内

(5) 技術修得等の研修

①新潟やるき農業塾（１年制）

・UIJターンや定年就農等、新潟県内で新たに農業を始めたいと考えている人や最近就農した人を対象に、農業経営に必要な基礎的知識や実践的な技術を体系的に修得できる１年制の研修を農業大学校で実施します。

②にいがた就農アカデミー

・新潟県農業大学校へ月１回程度の通学により、稲作、野菜、果樹、花卉、畜産の５コースで、基礎的な理論や農業経営・農業機械の知識・技術が修得できます。

③ニュー農業塾

・県指導農業士等を講師として実践的な技術、経営管理能力、組織運営能力を修得するほか、地域社会への奉仕精神等を学び、総合的な実践能力の向上と農業経営への意欲向上が図れます。

④UIJターン就農者スキルアップ講座（農業普及指導センター）

・定年退職後や、UIJターンにより就農を目指す方を対象に、農作物の栽培や、経営管理手法等、農業に関する知識や基本技術を修得するための講座を開催します。

出典：2009年４月新潟県発行「あなたも新潟県で農業をはじめませんか」

コラム

就農奮闘記をブログで発信　―新潟市の農業モニター制度―

ゼロから出発する新規参入者を受け入れることで、農業の活性化を図りたい―。二〇〇九年、新潟市では「県外在住の就農希望者」に対象を絞った「農業モニター制度」、通称アグレンジャーを立ち上げました。

アグレンジャーのユニークなところは、一年間農業法人で研修を積むかたわら、その研修の模様や肌で感じたことをブログで全国発信すること。初めての新潟、初めての農業という視点で、新潟市の魅力や農業の喜び、難しさを伝えていこうというものです。

二〇〇九年に採用されたアグレンジャーの一人、石本崇さんも一年間ブログを続けてきました。研修終了後は受け入れ先での社員採用が決まり、〝新たな担い手〟としての活躍が期待されています。

◆問い合わせ　新潟市農林水産部農業政策課担い手育成係
電話　025-226-1768・ホームページ http://www.city.niigata.jp/info/nosei/

挑戦2010年 わたしの決意 <4>

収穫に充実感 夢は独立

石本 崇さん(29) =新潟市江南区=

官僚から転身「農」の現場へ

新潟市の農業モニター「アグレンジャー」として、農業の研修を積む石本崇さん(29)=同市江南区=は昨春、農林水産省を辞めてUターンし、農業の現場に飛び込んだ。天候に作柄が左右されるなど農業の難しさを痛感したが、約1年の研修期間を折り返し「収穫の感動や育てた野菜が売れる喜びは農業でしか味わえない」とやりがいをかみしめている。

農業モニターは、若者の就農を支援しようと、同市が昨年5月から始めた。コメや野菜を栽培・販売する農業法人「白銀《しろがね》カルチャー」(同市秋葉区)で働きながら、インターネットのブログで、農作業の様子や新潟の農産物の良さなどを全国に発信している。

両親は自営業だが、祖父母は実家がある同市江南区でコメやナシを作っていた。小学生のころから農作業を手伝い、「漠然と農業にかかわる仕事に就きたいと思っていた」。高校卒業後、東京農工大農学部に進学。さらに山形大大学院で西洋ナシを研究したが、研究よりも農業の現場に近づきたいと大学院を中退。2002年、農水省に入省した。当時も今と同じような就職難。農業にかかわることができる上、安定した公務員は魅力的に映った。

しかし、配属先は農産物の統計情報を作成する部署。一日中、パソコンと向かい合う日々に疑問を感じるようになった。「現場で自分の力を試したい」。5年半勤めた農水省を辞めた。だが、現場では全くの素人。研修先を探していたとき農業モニターを知り、すぐさま応募した。

希望はかなったが、これまで農業の厳しさも肌で感じた。田植えや稲刈りで忙しいときは早朝からの作業。夏は炎天下での草取り。力仕事で疲れて、寝過ごす休日が増えた。雨が続いて野菜が病気になるなど、自然相手の仕事の大変さも身に染みた。

収入は公務員時代の半分。それでも「手を掛けた分だけよく育つ。収穫時に努力の結果が表れる」と充実感をにじませる。地場の農作物のおいしさにも触れた。「取れたての野菜って本当に甘い。今まで食べてたものとは全然違う」。手塩に掛けて育て、出荷を控えたキャベツやハクサイを手に胸を張る。

「言われたことをこなすだけで精いっぱいだった」という研修は3月末で終わるが、4月からも同法人に残って栽培技術や農業経営を学ぶ。意欲や真剣に作業に取り組む姿勢を買われた。「今年は一人で最初から最後まで作物を育ててみたい。まだ一人前にはほど遠いけれど、目標を実現するための基礎を築きたい」。実家の水田や畑は現在、ほかの農家に耕作してもらっている。いずれ自分で耕し、一農家として独立したい。夢に向かって、真っ黒に日焼けした顔を引き締めた。

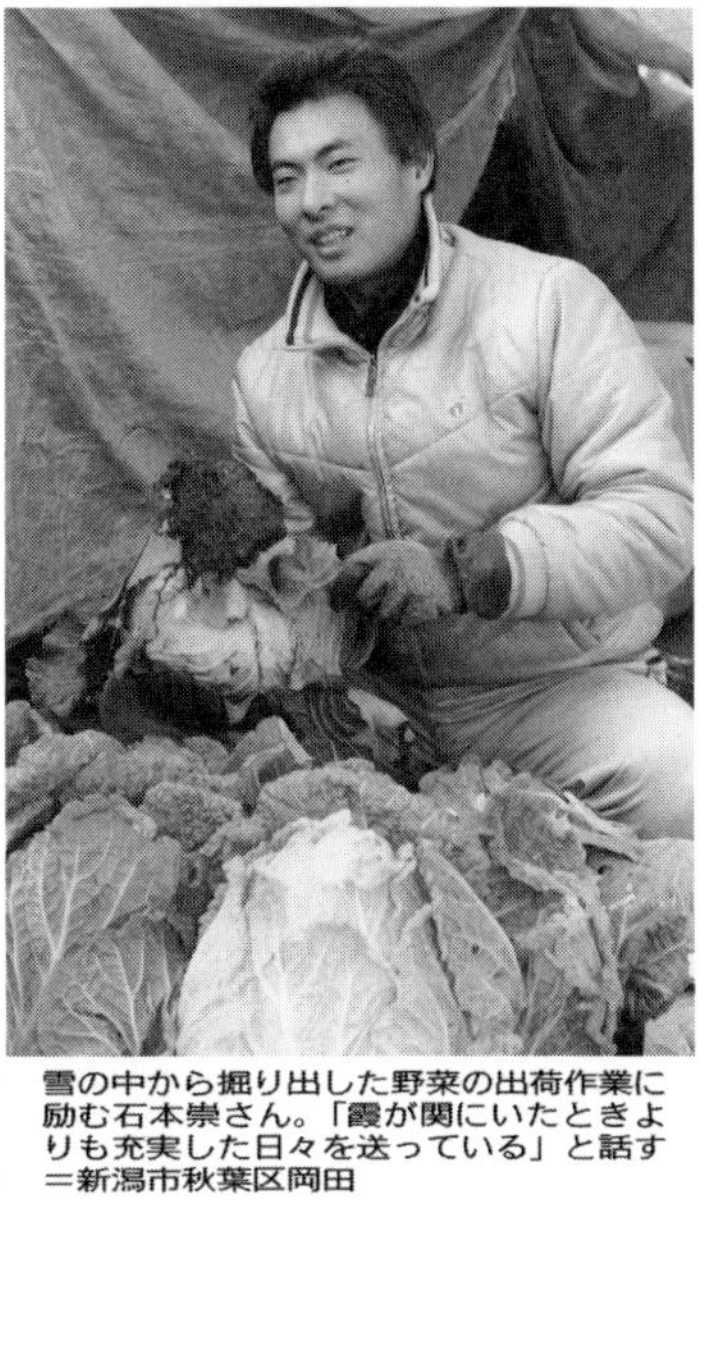

雪の中から掘り出した野菜の出荷作業に励む石本崇さん。「霞が関にいたときよりも充実した日々を送っている」と話す=新潟市秋葉区岡田

新潟日報　2010年1月5日

おわりに

命の源、文化の源、環境の源として私たちの暮らしの土台を支えてきた農業、農村が危機的な状況にあるといわれています。何よりも深刻なのは、担い手の確保が思うに任せず、田んぼと集落の荒廃が加速していることです。取材で農村を歩くたびに、厳しい現実を目の当たりにし、人づくりなくして農業、農村の未来を耕すことも開くこともできないと思うようになりました。

その人づくりに欠かせないのが地域の明日を担える新戦力の発掘です。『転身！リアル農家』は、サブタイトルに「等身大の新規就農」とうたっているように、農業の世界に新たに飛び込んだ若者たちの挑戦と、新規就農の受け入れ、育成に取り組む自治体や農業生産法人の人づくりを綴ったものです。

等身大には「ありのままの姿」という意味があります。自らの体験を第Ⅰ部「星の谷の軌跡」にまとめた天明伸浩さんも、第Ⅱ部「農業立て直しの第一歩は人づくりにあり」を担当した私も、ありのままの姿を伝えることが新規就農の道を考える出発点になるという思いでこの本を執筆してきました。

取材を通して思いを深くしたことがあります。それは、農業が持つ人間的な営みに共鳴する何かがなければ、道は始まらないということです。そして夢や憧れだけでは農業の道は歩めないということです。とりわけ、農地を買ったり、借りたりして自立の道を歩む場合は相当の覚悟が必要となります。

ただ、しっかりとした受け皿があれば、新戦力が育つことも確かです。取材した若者たちの「いま」がそれを物語っています。「田んぼを吹き抜ける風の心地良さは汗を流している私たちにしか分からないでしょう」。こう言えるまでに根を下ろすのです。それは農業者として生きている確かな証しでもあります。

「農業をやりたい」という若者が増えています。この本が農業、農村の人づくりを後押しする一歩になれば幸いです。出版にあたって、㈳新潟県農林公社青年農業者等育成センター、津南町、朝日池総合農場、エーエフカガヤキ、神林カントリー農園の皆さんには大変お世話になりました。心から感謝申し上げます。

二〇一〇年四月

農政ジャーナリスト　佐藤準二

【おことわり】
登場人物の肩書は取材時のものです。

転身！リアル農家　等身大の新規就農

2010（平成22）年4月28日　初版第1刷発行

著　者　天明伸浩　佐藤準二
発行者　五十嵐敏雄
発行所　㈱新潟日報事業社
〒951-8131　新潟市中央区白山浦2-645-54
TEL 025-233-2100
FAX 025-230-1833
http://www.nnj-book.jp/
印刷所　新高速印刷㈱
カバー写真　片桐　淳

ISBN978-4-86132-393-5